FORSCHUNGSBERICHT DES LANDES NORDRHEIN-WESTFALEN

Nr. 2751/Fachgruppe Elektrotechnik/Optik

Herausgegeben im Auftrage des Ministerpräsidenten Heinz Kühn
vom Minister für Wissenschaft und Forschung Johannes Rau

Fachhochschullehrer Prof. Dipl.-Ing. Horst Kahlen
Fachhochschule Bochum
Fachbereich 3 - Elektrotechnik

Füllstandsmessung flüssiger Metalle,
insbesondere von Eisen,
unter Atmosphärenbedingungen mit
elektrischen Mitteln

Westdeutscher Verlag 1978

CIP-Kurztitelaufnahme der Deutschen Bibliothek

Kahlen, Horst:
Füllstandsmessung flüssiger Metalle, insbesondere
von Eisen, unter Atmosphärenbedingungen mit
elektrischen Mitteln. - 1. Aufl. - Opladen :
Westdeutscher Verlag, 1978.

(Forschungsberichte des Landes Nordrhein-
Westfalen ; Nr. 2751 : Fachgruppe
Elektrotechnik, Optik)
ISBN-13: 978-3-531-02751-7   e-ISBN-13: 978-3-322-88410-7
DOI: 10.1007/978-3-322-88410-7

© 1978 by Westdeutscher Verlag GmbH, Opladen

Gesamtherstellung: Westdeutscher Verlag

ISBN-13: 978-3-531-02751-7

INHALT

	Seite
Kurzübersicht	3
1. Zum Stranggießverfahren	3
2. Gießspiegelerfassung: Aufgabenerläuterung	4
3. Gießspiegelerfassung: bisherige Lösungsansätze und Stand der Technik	4
4. Meßprinzip und Versuchsanordnung	7
5. Messungen zum Nachweis des Meßeffektes	8
5.1 Emissionsstrom als Funktion der Temperatur und des Katodenabstandes	9
5.2 Emissionsstrom als Funktion der Katodenspannung	10
5.3 Langzeitverhalten der Emission	11
6. Auswertung und Diskussion der Meßergebnisse	
6.1 Temperaturabhängigkeit der Emission	12
6.2 Erfassung von Fangblechabstand und Katodenspannung	15
6.3 Meßtechnische Untersuchung der Signalgleichung	17
6.4 Diskussion der Spannungs- bzw. Feldabhängigkeit der Meßwerte	20
7. Messungen zur Absicherung der Emission aus der Metalloberfläche	22
8. Grundsätzliche Anordnung einer Meßeinrichtung. Aussichten des Meßverfahrens und weitere Untersuchungen	24
9. Zusammenfassung	26
10. Literaturzusammenstellung	27
11. Verzeichnis der verwendeten Formelzeichen	30
12. Verzeichnis der Bilder	31

Kurzübersicht

Die vorliegende Arbeit berichtet von einem neuartigen Verfahren zur meßtechnischen Erfassung der Füllhöhen flüssiger Metalle unter atmosphärischen Bedingungen. Als Anwendungsfall ist dabei an die Füllstandsmessung flüssigen Stahls in der Stranggußkokille gedacht.

Es wird gezeigt, daß die Emission positiver Ionen aus der Schmelzenoberfläche zur Gewinnung eines Füllstandssignals ausnutzbar ist.

Es ergibt sich ein umgekehrt proportionaler Zusammenhang zwischen dem logarithmierten Ionenstrom und dem Fangblechabstand (Katode) bzw. ein direkt proportinaler Zusammenhang zwischen dem logarithmierten Ionenstrom und der Füllhöhe. Weitere Parameter der Messung wie Schmelzentemperatur, Schmelzenbeschaffenheit, Oberflächeneigenschaften der Schmelze, Katodenspannung u.a. werden untersucht und diskutiert.

Den Abschluß des Berichtes bildet eine Erörterung der Anwendbarkeit des Meßverfahrens in der Stranggießtechnik.

1. Zum Stranggießverfahren

In der Stahlindustrie sind zwei Verfahren üblich, geschmolzenes Eisen für die Weiterverarbeitung zu vergießen:
Blockgießen in geometrisch einfach gestalteten Standkokillen und das Stranggießen in unten offenen Stranggießkokillen (1)*.
Das Blockgießen ist ein diskontinuierliches Verfahren und als urtümliche Technik schon seit langem bekannt.
Stranggießen ist ein kontinuierliches Gießverfahren, bei dem eine oder gar mehrere Schmelzen zu einem endlosen Strang vergossen werden. Dieser Strang wird zur Weiterverarbeitung in geeignete Längen zerteilt.
Die technologisch sehr anspruchsvolle Stranggießtechnik ist seit rund hundert Jahren in der Diskussion und hat sich bei den NE-Metallen seit etwa 30 Jahren, bei Stahl seit etwa 20 Jahren durchgesetzt. Seit etwa 10 Jahren wird es in der Stahlindustrie zunehmend großtechnisch angewendet (7; 8; 9; 10).
Der Vorteil der Stranggießtechnik besteht darin, daß es aus einfachen und auch legierten Stahlqualitäten kontinuierlich ein auf Fertigstraßen verarbeitungsfähiges Halbzeug von meist besserer Qualität erzeugt, während beim Guß in Standkokillen noch die Verfahrensstufen Strippen, Warmhalten im Tiefofen, Vorwalzen auf der Block-Brammenstraße und Schopfen zwischengeschaltet werden müssen.

Die Stranggießtechnik hat sich wiederum in zwei Richtungen entwickelt: Gießen in mit dem Strang wandernden Gießformen und Gießen in ortsfesten Gießformen. Das Prinzip der wandernden Gießformen konnte sich nicht allgemein durchsetzen, im Gegensatz zur aus technologischen Gründen meist mit geringer Amplitude oszillierenden, sonst aber ortsfesten Gießform. Sie stellt den Stand der Technik dar (Bilder 1 und 2).

* (Ziffern): siehe Literaturverzeichnis am Ende des Berichtes, Abschnitt 10.

Die vorliegende Arbeit befaßt sich mit Untersuchungen zu einem Verfahren zur Erfassung der Füllhöhe in der ortsfesten Gießform. Die Füllhöhenmessung ist ein Teilproblem bei den stetigen Arbeiten zur Erhöhung der Verfahrenssicherheit und Verbesserung der Produktqualität (2).

2. Gießspiegelerfassung: Aufgabenerläuterung

Für eine sichere Führung des Stranggießprozesses ist eine große Zahl von Prozeßparametern zu erfassen und auszuwerten. Zu den wichtigen Parametern gehört die Höhe des Gießspiegels in der Kokille.

Die Höhe des Gießspiegels ist in zweierlei Hinsicht wesentlich: Die richtige Höhe des Gießspiegels ist einmal wichtig für die Sicherung des Betriebsablaufes. Bei zu hohem Gießspiegel besteht die Gefahr des Überlaufens der Kokille, insbesondere bei den kleinen Querschnitten von Knüppelanlagen. Bei zu niedrigem Gießspiegel besteht die Gefahr, daß die Erstarrungsschale des Gießstranges beim Austritt aus der Kokille noch zu dünn ist und dem ferrostatischen Druck der Schmelze nicht standhalten kann. Es kommt dann zu einem Durchbruch der Strangschale mit nachfolgendem Auslaufen des noch flüssigen Metalls in die Kühlkammer.

Beide Störungen sind schwere Betriebsstörungen und führen zum Gießabbruch, oft auch zu Anlagenschäden.
Die richtige Gießspiegelhöhe in der Kokille ist weiterhin Voraussetzung für die Gewährleistung gleichmäßig günstiger Abkühlungs- und Erstarrungsbedingungen und damit gleichmäßiger Qualität des Stranggußproduktes (2).

Die Gießspiegelhöhe kann auf zweierlei Weise konstant gehalten werden: durch Variieren der Strangabzuggeschwindigkeit bei zweckmäßig eingestellter konstanter Zuflußmenge oder durch Variieren des Zuflusses bei konstanter Abzuggeschwindigkeit.

Das letztere Verfahren ist zum Erzielen einer gleichmäßigen Produktgüte besser geeignet, da man nur so optimal gleichmäßige Erstarrungsbedingungen erreichen kann. Es wird beim Brammenguß angewendet, während das erste Verfahren bei Knüppelanlagen und meist bei Blockanlagen eingesetzt wird.

Bei manuellem Verstellen der Anlage zur Einstellung des Gießspiegels ist die Produktqualität sehr von der Geschicklichkeit des Gießers abhängig. Um dies zu vermeiden und auch um nicht Personal unmittelbar an der Gießkokille postieren zu müssen, ist man stets bestrebt, selbsttätige Gießspiegelregelungen einzurichten.

Diese regelungstechnische Aufgabe erfordert eine meßtechnische Erfassung der Gießspiegelhöhe in der Stranggießkokille.

3. Gießspiegelerfassung: bisherige Lösungsansätze und Stand der Technik

Seitdem S. Junghans (1) durch seine Arbeiten der Stranggießtechnik die entscheidenden Impulse gab, spielte die Erfassung der Gießspiegelhöhe stets eine die Sicherheit der Technik mitbestimmende Rolle. Mit der Entwicklung der Technik und dem zunehmenden Streben, die Produktion zu automatisieren und damit zu rationalisieren, hat die Bedeutung der Gießspiegelerfassung noch zugenommen. Wegen der Schwierigkeit, den Füllstand flüssigen Metalls zu messen und angesichts der technischen Notwendigkeit dazu hat es außerordentlich viele und unterschiedliche Ansätze zur Lösung des Problems gegeben.

Die interessantesten Lösungsvorschläge seien im Folgenden kurz skizziert:

Mechanische Meßmittel (32)

Ein Schwimmer auf dem flüssigen Stahl erfaßt die Gießspiegelhöhe und erzeugt mit einem Wandler ein analoges elektrisches Signal. In einer anderen Anordnung ändert die Schwimmerstellung direkt den Metallzufluß so, daß die Gießspiegelhöhe konstant bleibt. Diese Technik wird gerne beim Aluminiumstrangguß angewendet (1).

Pneumatische Verfahren (33)

Ein Rohr endet direkt über dem Gießspiegel. Durch einen Gasstrom bildet sich ein Staudruck, dessen Differenz gegen den Außendruck gemessen wird. Eine Servoeinrichtung führt die Einrichtung so, daß bei Gießspiegeländerungen der Differenzdruck konstant bleibt. Hieraus wird ein Füllhöhensignal abgeleitet.

Thermoelektrische Verfahren (34)

Es werden Thermoelemente dicht übereinander in der Kokillenwand angeordnet. Aus dem auftretenden starken Temperaturgradienten in der Kokillenwand und den entsprechenden Thermospannungen wird ein Füllhöhensignal abgeleitet.

Induktive Verfahren (35)

Die Kokille wird von einem Eisen-Nickel-Kern und einer Spule umfaßt. Die Änderung der Permeabilität durch die Temperatur der Kokillenwand beeinflußt den Spulenstrom, so daß ein Füllhöhensignal gewonnen werden kann.
In einer anderen Anordnung tauchen zwei in bestimmter Weise geformte und geschützte Spulen in die Schmelze. Unterschiedliche Füllhöhen beeinflussen die Kopplung der Spulen. Hieraus wird ein Füllhöhensignal abgeleitet.

Kapazitive Verfahren (36)

Die Schmelzenoberfläche und eine oberhalb fest angeordnete Platte bilden einen Plattenkondensator. Eine Änderung der Füllhöhe bedingt eine Änderung der Kapazität, woraus ein Füllhöhensignal abgeleitet werden kann.

Konduktive Verfahren (37)

Ein metallisches stromdurchflossenes Rohr ragt in die Schmelze. Die Potentialdifferenzen werden in einer Brückenschaltung ausgewertet.
In einem anderen Verfahren wird ein isolierender Stab in die Schmelze getaucht. Auf unterschiedlicher Höhe sind Kontakte angeordnet, die Gleich- oder Wechselströme abgeben. Aus der Kenntnis der durch die leitfähigen Schmelze kurzgeschlossenen Kontakte wird ein Füllhöhensignal abgeleitet.

Ultraschallverfahren

Auf den Badspiegel wird ein Ultraschall gerichtet. Aus der Laufzeit des Echos wird ein Füllhöhensignal abgeleitet.

Durchstrahlungsverfahren (38)

Ein punktförmiger Strahler (Co 60 oder Röntgenquelle) durchstrahlt die Kokille. Das Maß der Abdeckung eines stabförmigen Strahlendetektors durch den Stahlstrang ist ein Maß für die Füllhöhe.
In einer anderen Anordnung durchstrahlt eine stabförmige Quelle (Co 60) die Kokille, als Empfänger dient ein punktförmiger Detektor (Szintillationszähler).
In einer weiteren Anordnung werden punktförmige Strahler und Empfänger beiderseits der zu durchstrahlenden Strecke mittels einer Nachlaufsteuerung auf konstantes Signal geführt. Aus der Stellung wird ein Füllhöhensignal abgeleitet.

Nachteilig bei diesen Verfahren sind die mögliche Gesundheitsgefährdung des Gießpersonals durch die energiereiche Strahlung, die Erschwerung der Kokillenkühlung und die recht hohen Kosten.

Infrarotverfahren (23, 25, 39)

Die Schmelze gibt eine infrarote Strahlung ab. Die Kokille mit der strahlenden Schmelzenoberfläche wird mittels einer Optik auf einer infrarotempfindlichen Diodenanordnung abgebildet, wobei der Grenzübergang Schmelze-Kokillenwand bei Sollhöhe etwa in der Mitte der Diodenanordnung liegt. Bei Füllhöhenänderungen ändert sich die Infrarotüberdeckung der Dioden, woraus ein Füllhöhensignal abgeleitet werden kann.

Die Durchstrahlungsverfahren und das Infrarotverfahren stellen den Stand der angewandten Gießspiegelmeßtechnik dar. Diese Verfahren haben den Vorteil, in keiner Weise mit dem Gießspiegel in Kontakt treten zu müssen oder Platz in der Gießform zu beanspruchen.

4. Meßprinzip und Versuchsanordnung

Es ist bekannt, daß viele erwärmte Stoffe bei genügend hohen Temperaturen Teilchen emittieren in Form von Ladungsträgern oder neutraler Partikel. Besonders ausgeprägt vor allem bei einigen Oxiden ist die Elektronenemission im Vakuum. Sie wird technisch ausgenutzt in den Elektronenröhren der verschiedensten Art.

Mehrere Autoren berichten, daß einige Metalle, u.a. Eisen und Kupfer, auch positive Ionen emittieren (u.v.a. 3,11,15,20). In dieser Arbeit soll daher untersucht werden, ob und unter welchen Bedingungen die Emission positiver Ionen bei athmosphärischen Bedingungen zur Gewinnung eines Meßkriteriums für die Füllhöhe flüssiger Metalle herangezogen werden kann.

Zur Versuchsdurchführung stand ein induktiv (4 kHz) beheizbarer Versuchstiegel für maximal ca. 7,5 kg Eiseneinsatz zur Verfügung. Der aus Halbzeug gedrehte Eiseneinsatz paßte sich der Tiegelform an, um eine ausreichende Kopplung zwischen Eisen und Induktionsspule zu erreichen (Bild 3).
Die Temperaturmessung erfolgte mit einem etwas in die Eisenoberfläche eingelassenen Thermoelement Pt 18, Kontrollmessungen wurden mit einem Flammpyrometer durchgeführt. Zur Messung von Oberflächentemperaturen an Keramiken ist bei Bedarf ein weiteres Thermoelement auf das Material gekittet worden.

Entsprechend dem Versuchsgedanken, aus dem Eisen ausgetretene freie Ladungsträger einzufangen und daraus ein Meßkriterium abzuleiten, gleicht die Meßanordnung im Prinzip der Elektrodenanordnung einer Röhre. Da in der Atmosphäre nur von den positiven Ionen ein meßtechnisch ausnutzbares Verhalten zu erwarten war, wurde das warme Eisen als Anode und das Einfangblech als Katode geschaltet (Bild 4).

Das Fangblech war in seiner Höhe mit einem Reibradantrieb an einem Millimetermaßstab verstellbar, die gesamte Abstandsmeßeinrichtung konnte bezogen auf die Eisenoberfläche justiert werden. Zur Verhinderung starker Luftturbulenzen in der Meßstrecke bewegte sich das Fangblech in einem keramischen Schutzrohr. Bei festem Eisen stand das Schutzrohr auf der Eisenoberfläche und das Fangblech konnte im Rohr verstellt werden. Zur Messung im flüssigen Eisen war das Blech im Rohr hochisoliert befestigt, so daß das Keramikrohr in die Schmelze eintauchen konnte. Die Berührung des Schmelzspiegels mit dem Schutzrohr dient als Justierpunkt für die Abstandsmessung.

Bei einem genügend langsamen Aufheizen konnte ein guter Wärmeausgleich über die gesamte Oberfläche erreicht werden. Es war jedoch wie bei allen mit Erwärmung verbundenen Experimenten sehr schwierig und mit einem hohen Zeitaufwand verbunden, den Parameter Temperatur für eine Meßreihe hinreichend konstant zu halten.

Die ersten Meßreihen wurden an einer Stranggußstahlprobe durchgeführt, die außerordentlich stark oxidierte. Es wurden anschließend einige Meßreihen mit einem zunderarmen Blech aufgenommen, das fest auf die Eisenoberfläche aufgeschraubt wurde. Zur Kontrolle wurden weitere Meßreihen mit einem höher legierten Stahleinsatz aufgenommen, so daß das Verhalten von insgesamt drei Stahlproben im festen Zustand untersucht werden konnte.

Ein abschließender Meßversuch an der Schmelze gestaltete sich unter den Laborbedingungen wie erwartet wegen der Aggressivität des Stahls und seiner Schlacke außerordentlich schwierig. Besonders problematisch war die Zuführung des Anodenpotentials, da der Zuführungsstab wegen seiner geringen Masse im flüssigen Stahl sehr schnell abschmolz.

Zweck der Untersuchungen war es, ein bei flüssigem Stahl anwendbares Meßverfahren zu finden und auf seine Brauchbarkeit hin zu überprüfen.

Da jedoch längere Zeit beanspruchende Meßreihen an flüssigem Stahl, insbesondere bei kleinen Tiegeln, nicht ungefährlich sind, andererseits unterhalb und oberhalb des Schmelzpunktes kein prinzipiell anderes Verhalten zu erwarten ist, wie z.B. den Messungen von Seiliger (29) für Kupfer und Silber zu entnehmen ist, wurden fast alle Untersuchungen bis kurz unterhalb des Schmelzbeginns durchgeführt.

Die für das Meßprinzip geltenden Gesetzmäßigkeiten wurden so erforscht und anschließend wurde auf das grundsätzliche Verhalten des flüssigen Stahls extrapoliert.
Während eines abschließenden Schmelzvorganges konnten drei Meßwerte gewonnen werden, die im Bereich der extrapolierten Werte liegen.
Weitere Schmelzversuche sind nicht durchgeführt worden aus Furcht, es könnte doch noch zu einem schweren Unfall kommen.

Die dieser Arbeit zugrunde liegenden Forschungsarbeiten wurden an einem elektrotechnischen Forschungsinstitut durchgeführt. Weitere Arbeiten sollen in einem Stahlwerk stattfinden, in dem die Unfallgefährdung wegen der dort vorhandenen Spezialeinrichtungen und -erfahrungen wesentlich geringer ist.

5. Messungen zum Nachweis des Meßeffektes

Die thermische Emission von Ladungsträgern aus Metallen ist in den letzten hundert Jahren in vielen Arbeiten behandelt worden. Fast ausschließlich hat man sich jedoch bemüht, die Messungen in immer besseren Vakua bei immer geringer kontaminierten Oberflächen immer reinerer Metalle unterhalb des Schmelzpunktes durchzuführen. Diese Untersuchungen dienten vor allem zum grundlegenden Studium des atomaren Aufbaus der Metalle oder zum Studium der Emissionseigenschaften emittierender Stoffe. Besonderen Auftrieb erhielt das Gebiet der Emissionsforschung durch die Erfindung der Elektronenröhre. Für die Elektronenröhre interessierte jedoch die Elektronenemission im Vakuum, wobei die Oxide einiger seltener Erden besonders hohe Emissionsdichten erlaubten.
Die Ionenemission ist von den frühen Autoren eher beiläufig erwähnt worden. T.J. Jones (3) berichtet, daß Guthrie 1873, Elster und Geitel zwischen 1880 und 1890 Emissionen von positiven Ladungsträgern in Luft bei erwärmtem Eisen oder Platin beobachteten. Auch A. Wehnelt (11) erwähnt in einer Arbeit über die Elek-

tronenemission die Emission positiver Ionen. M. v. Laue (20) stellt 1923 fest, daß bei vielen Metallen und Metallverbindungen auch oder überwiegend Emission positiver Ionen auftrete. "Handbook of Physics" (7) nennt auf Blatt 8 - 78 eine ganze Reihe von positive Ionen emittierende Metalle, darunter auch Eisen und Kupfer.
G. Siljeholm (28) untersucht in seiner Dissertation die glühelektrische Emission des Eisens, I. Ameiser (27) die glühelektrische Emission von Metallen (Au, Ag, Cu) in der Umgebung ihrer Schmelzpunkte, jedoch erwärmen beide hochreine Stoffe im Vakuum von mindestens 10^{-4} mm Hg.
Eingehende Untersuchungen über die Emission positiver Ionen im Vakuum liegen vor für die Stoffe Molybdän und Wolfram (15). Diese Stoffe wurden offensichtlich wegen ihrer hohen Schmelztemperatur gewählt. Dies erlaubt Messungen unterhalb des Schmelzpunktes bei solch hohen Temperaturen, daß vor allem die Einflüsse von Oberflächenverunreinigungen zurücktreten. Hierzu vermerkt Spanner (22), daß Oxide die Ionenemission stark beeinflussen, ebenso wie L. P. Smith (15); Smith geht aber auch davon aus, daß bei genügend hohen Temperaturen (über 2200°C) sich keine Sauerstoffatome auf der Metalloberfläche halten können.

Im Gegensatz zu den o.a. Untersuchungen befaßt sich diese Arbeit mit der Emission von positiven Ionen unter athmosphärischen Bedingungen bei Stahl, einem physikalisch sicherlich sehr unreinen Stoff, der darüber hinaus meist mehrere Legierungselemente enthält. Die technische Ausnutzung des untersuchten Effektes soll weiterhin oberhalb des Schmelzpunktes erfolgen.

Das Ziel der vorliegenden Arbeit unterscheidet sich also grundlegend von anderen Untersuchungen über thermische Emission: es sollen nicht physikalische Theorien experimentell abgesichert oder Grundkonstanten meßtechnisch ermittelt, sondern es soll ein an sich bekannter physikalischer Effekt auf seine industrielle meßtechnische Anwendbarkeit hin erforscht werden, es ist das Emissionsverhalten von Massenstahl in der Atmosphäre zu untersuchen.

5.1 Emissionsstrom als Funktion der Temperatur und des Katodenabstandes

Die Bilder 5, 6, 7 und 8 zeigen das Verhalten des Emissionsstromes in einer teillogarithmischen Darstellung. Der Strom ist auf der logarithmischen Ordinate erfaßt, der Abstand des Fangbleches von der emittierenden Eisenoberfläche auf der linearen Abszisse. Bei konstanter Temperatur ergibt sich so mit zunehmendem Fangblechabstand ein lineares Absinken des vom Fangblech aufgenommenen Stromes. Die bei den Messungen eingestellten Fangblechabstände betragen 5 mm bis maximal 120 mm. Die gemessenen Geraden sind dann bis auf den Fangblechabstand 0 extrapoliert worden, wobei postuliert wird, daß der Wert des Stromes beim Abstand 0 der Zahl der emittierten Ladungsträger entspricht.

Zu bemerken sind folgende Eigenschaften der Meßreihen:

- bei konstanten Temperaturdifferenzen sind die Ergebnisgeraden in der Regel äquidistant.
  Es besteht also ein exponentieller Zusammenhang zwischen der

Temperatur und der Menge der emittierten Ladungsträger. Dies entspricht formal der Richardsongleichung (4).

- mit zunehmendem Abstand des Fangbleches von der emittierenden Oberfläche nimmt der aufgenommene und exponentiell aufgetragene Strom linear ab.
  Dies entspricht einem weiteren exponentiellen Zusammenhang des gemessenen Stromes mit dem Fangblechabstand.
  Dieser zweite exponentielle Zusammenhang ist in der Richardsongleichung und auch in den Arbeiten anderer Autoren naturgemäß nicht enthalten, da sie alle im Hochvakuum und bei konstantem Fangblechabstand gemessen haben.

- bei flüssigem Eisen ergibt sich prinzipiell das gleiche Emissionsverhalten wie bei festem Eisen, vgl. Bild 8.
  (zur Messung bei flüssigem Eisen ist zu bemerken, daß leider keine zuverlässigen Temperaturmessungen gemacht werden konnten, geschätzt wurde die Temperatur auf $1500°C$, maximal $1600°C$)

- die absolute Größe der emittierten Ströme kann sich stark ändern, sowohl abhängig von der Eisensorte wie auch vom Oberflächenzustand. Dies kann jedoch vorerst nur ausgesagt werden für Eisen im festen Zustand, da für flüssiges Eisen noch zu wenig Messungen vorliegen.
  Auf den Oberflächeneinfluß wird in einem späteren Kapitel ausführlicher eingegangen (s. Kap. 5.3).

- in der Emission treten temperaturabhängig Unstetigkeiten auf, die offensichtlich mit Umkristallisationsvorgängen zusammenhängen. Auch diese Erscheinung wird in einem späteren Kapitel ausführlicher behandelt (s. Kap. 7).

Zusammenfassend läßt sich sagen, daß ein für den beabsichtigten Meßzweck geeigneter Effekt vorhanden ist, dessen praktische technische Anwendbarkeit jedoch noch zu belegen ist.

5.2 Emissionsstrom als Funktion der Katodenspannung

Die Bilder 5, 9 und 10 zeigen Messungen, bei denen der Parameter Katodenspannung U_K variiert worden ist. Die kleinste eingestellte Spannung beträgt 0,3 kV, die größte 1,5 kV. Höhere Spannungen waren nicht sicher beherrschbar, da es dann leicht zu Überschlägen zwischen dem Fangblech und dem umgebenden keramischen Schutzrohr kam.
Die gestrichelten Geraden mit dem Parameter Spannung sind extrapolierte Kennlinien. In die Kennlinienfelder sind Linien konstanter Feldstärke eingerechnet worden.

Bemerkenswert sind folgende Eigenschaften des Parameters Katodenspannung:

- die gewählte Katodenspannung hat offensichtlich keinen Einfluß auf die Ladungsträgerergiebigkeit der emittierenden Oberfläche, da alle Kennlinien bei konstanter Temperatur in einem Punkt beim Abstand d = 0 zusammenlaufen.
  Emittierter Strom und Katodenspannung sind unabhängig voneinander.

- Der Betrag des von der Katode eingefangenen Stromes ist von der Katodenspannung abhängig.

- Die Kennlinien konstanter Spannung verlaufen bei allen Temperaturen parallel.
Die Katodenspannung kann daher zur Einstellung des Abstandsmeßbereiches und der Empfindlichkeit genutzt werden.

- Die Linien konstanter Feldstärke verlaufen parallel und ihrerseits parallel zur Grenzkennlinie der Spannung bzw. der Feldstärke oo.

5.3 Langzeitverhalten der Emission

Ein wesentliches Kriterium für die meßtechnische Ausnutzbarkeit der Ionenemission ist das Langzeitverhalten bei unveränderten äußeren Bedingungen, vor allem bei konstanter Temperatur.

Da es recht gefährlich war, den verwendeten relativ dünnwandigen Tiegel zu betreiben, wurden ersatzweise Messungen bei niedrigen Temperaturen durchgeführt. Die Bilder 12 und 13 zeigen Ergebnisse von Messungen, die sich über 1 Stunde bzw. 3 Stunden erstreckten. Zum Vergleich sei erwähnt, daß die Dauer der Mehrzahl der Stranggießvorgänge zwischen 15 und 60 Minuten liegt mit einer Häufung bei etwa 25 bis 30 Minuten.

Die Bilder zeigen, daß sich der gemessene Strom bei längeren Meßwerten spürbar ändern kann, eine generelle Tendenz ist jedoch nicht erkennbar. Bild 12 läßt erkennen, daß in der Tat die Oberflächenbeschaffenheit die Emission deutlich beeinflußt. Nach einer Stunde Beobachtungszeit wurde der in dieser Zeit gebildete Zunder zumindest grob entfernt. Dies führte zu einem sofortigen steilen Anstieg des gemessenen Stromes.

Aus diesem Emissionsverhalten des noch festen Stahles läßt sich zumindest schließen, daß die emittierende Oberfläche des flüssigen Stahles während der Meßdauer schlackenfrei bleiben muß, eine Forderung, die sich u.U. nur schwer erfüllen läßt. Begünstigend jedoch ist der Umstand, daß die logarithmische Skala des Meßverfahrens (s. Kap. 6) relativ unempfindlich gegen geringfügige Änderungen um einen Mittelwert ist, wie sie z.B. Bild 13 zeigt. Endgültigen Aufschluß können nur Messungen vor Ort im Stahlwerk erbringen.

Die Langzeitmessungen sind auch durchgeführt worden, um Vergleichswerte zu den Messungen verschiedener Autoren zu bekommen, die jedoch alle Emissionen hochreiner Metalle und Oberflächen in guten Vakna beobachtet haben.

Zusammenfassend kann vorab festgestellt werden, daß das zeitliche Ionenemissionsverhalten im Vakuum dem unter atmosphärischen Bedingungen entspricht.

Spanner (22) weist darauf hin, daß eine beträchtlich schwankende positive Emission auftreten könne. Er führt diese auf Materialverunreinigungen (z.B. Wasserstoff) zurück, da die posive Emission nach längerer Versuchsdauer unter die Nachweisgrenze absank (vgl. Bild 12). Dieser Erschöpfungseffekt ist beim Stranggießverfahren nicht zu erwarten, da die Materialmenge zu groß, die Gießdauer zu gering ist. Weiterhin fließt immer neues Material in die Kokille.

Goetz (21) vermerkt schon für seine Untersuchungen der Elektronenemission, daß die Messungen nur sehr schwer reproduzierbar seien, die Vakuumbedingungen müßten genauestens eingehalten werden. Übertragen auf das untersuchte Problem bedeutet dies, daß nur relative Messungen sinnvoll sind. Interessant ist auch der Hinweis von Goetz, daß er für die Konstruktion eines geeigneten Tiegels zwei Jahre benötigt habe.

L. P. Smith (15) stellte bei seinen Arbeiten starke Emissionsunterschiede bei verschiedenen Messungen derselben Wolframprobe fest. Er führte dies auf Oberflächenverunreinigungen zurück und führte daher weitere Messungen bei Temperaturen weit über 2000°C durch. Er ging davon aus, daß sich bei solch hohen Temperaturen kaum noch Sauerstoffatome auf der Metalloberfläche halten könnten.

Sehr interessant ist ein Hinweis in der ausgezeichneten und umfassenden Monographie über Thermionische Emissionen von T. J. Jones (3). Er berichtet, daß die Emission positiver Ionen im Gegensatz zu der von Elektronen nicht konstant und reproduzierbar sei. Es seien jedoch bestimmte Metalle gefunden worden, die bei Temperaturen in der Nähe ihres Schmelzpunktes eine positive Emission aufwiesen, die mit der Zeit nicht abnehme. Sie bestehe aus Ionen des Metalles selbst.

Leider versäumt der Autor, diese "bestimmten Metalle" zu nennen. Sollte diese Aussage auch für Eisen zutreffen, so wäre dies eine gute Voraussetzung für die beabsichtigte meßtechnische Ausnutzung der positiven Emission.

6. Auswertung und Diskussion der Meßergebnisse

6.1 Temperaturabhängigkeit der Emission

Es ist offensichtlich sinnvoll, für die Versuchsergebnisse nur empirische Gleichungen aufzustellen. Physikalisch exakte Gleichungen aufstellen zu wollen, dürfte an zu vielen ungeklärten bzw. unklärbaren Störeinflüssen scheitern. Als wesentliche Störeinflüsse seien genannt die sehr vielen Fremdstoffe und Legierungsbestandteile im industriellen Massenstahl und die Oberflächenverunreinigungen.

Die Art der zur Beschreibung erforderlichen Gleichungen ist z.B. an den Bildern 6, 7 und 8 abzulesen.
Der vom Fangblech eingefangene Ladungsträgerstrom i_K ist in erster Linie abhängig vom emittierten Strom i_e, der Größe F der emittierenden Fläche, der Temperatur t, der Katodenspannung U_K und dem Abstand d des Fangbleches von der emittierenden Oberfläche:

$$i_K = f(i_e, F, t, U_K, d) \qquad (1)$$

Weitere Einflüsse, wie z.B. Verunreinigungen, Oberflächenbeschaffenheit und Stahlsorte seien nicht erfaßt.

Emission der Oberfläche:

Als Emission der Oberfläche werden diejenigen Werte gedeutet, die sich durch Extrapolation der gemessenen Geraden bis zum Fangblechabstand d = 0 ergeben. In Übereinstimmung mit der Richardson-Gleichung für die thermionische Emission ergeben diese Werte eine Exponentialfunktion, die aus den in die Bilder

7 und 8 eingezeichneten Funktion $i_e = f(t)$ abgelesen werden kann:

bei gegebener Fläche F emittierter Strom:

$$i_e = I_{e0} \cdot e^{st} \quad \text{bzw.} \quad \ln i_e/I_{e0} = st \quad (2)$$

$$\text{Steigung } s = \frac{\ln i_{e2} - \ln i_{e1}}{t_2 - t_1} = \frac{\ln i_{e2}/i_{e1}}{t_2 - t_1} \quad (3)$$

I_{e0} = rechnerischer Strombezugswert, gewählt für $t = 0°C$,
I'_{e0} = Emissionsstromdichte

Zur Bestimmung von I_{e0} bzw. I'_{e0} wird aus den Emissionsfunktionen mittels der Steigung s der gesuchte Wert für $t = 0°C$ extrapoliert.

Die gemessenen Emissionsfunktionen sind zwischen 700°C und 800°C unstetig. Dies wird auf die Umkristallisation des Eisens im Perlitpunkt (21, 28) zurückgeführt. Es wird daher die Steigung s oberhalb und unterhalb 800°C ermittelt.

$\underline{t \geq 800°C:}$

Aus Bild 7: $s = \frac{\ln 1,7 \cdot 10^3/38}{(1000-800) \text{ K}} = \frac{3,8}{200 \text{ K}} = 19 \cdot 10^{-3}$ 1/K (2. Eisenprobe)

Aus Bild 9: $s = \frac{\ln 6,5 \cdot 10^3/9}{(1200-800) \text{ K}} = \frac{6,58}{400 \text{ K}} = 16 \cdot 10^{-3}$ 1/K (3. Eisenprobe)

$\underline{t \leq 800°C:}$

Aus Bild 5: $s = \frac{\ln 1000/30}{(800-700) \text{ K}} = \frac{3,50}{100 \text{ K}} = 35 \cdot 10^{-3}$ 1/K (1. Eisenprobe)

Aus Bild 7: $s = \frac{\ln 13/1,6}{(700-600) \text{ K}} = \frac{2,09}{100 \text{ K}} = 20,9 \cdot 10^{-3}$ 1/K (2. Eisenprobe)

Aus Bild 8: $s = \frac{\ln 0,700/0,011}{(700-600) \text{ K}} = \frac{4,15}{100 \text{ K}} = 41,5 \cdot 10^{-3}$ 1/K (3. Eisenprobe)

Mit diesen Konstanten lassen sich folgende Zahlenwertgleichungen zur Beschreibung der Emission aus der Oberfläche angeben ($t \geq 800°C$):

2. Eisenprobe (mit $F = 15,4 \text{ cm}^2$)

$$i_e(t) = 9,5 \text{ pA} \cdot e^{-st} = 0,62 \frac{\text{pA}}{\text{cm}^2} \cdot F \cdot e^{-19 \cdot 10^{-3} t/K} \quad (4)$$

3. Eisenprobe (mit $F = 12,9 \text{ cm}^2$)

$$i_e(t) = 28,1 \text{ pA} \cdot e^{-st} = 2,18 \frac{\text{pA}}{\text{cm}^2} \cdot F \cdot e^{-16 \cdot 10^{-3} t/K}$$

Für die Meßreihen ergeben sich nennenswerte Unterschiede im Maß des Stromanstiegs über der Temperatur bzw. des Strombezugswertes I'_{e0}. Da die Funktionen an verschiedenen Eisenproben gemessen wurden, läßt sich daraus schließen, daß Fremdbestandteile die Emission zumindest beeinflussen. Bei einer Emission nur von Eisenionen müßte der Koeffizient der Emission konstant sein. Für Temperaturen unterhalb von 800°C scheint der Wert des Exponenten s auch deswegen so stark zu streuen, da zu wenige Meßwerte vorliegen.

Für den vorgesehenen Meßzweck ist die Änderung der Emissionssteigerung bei verschiedenen Stahlqualitäten von nachgeordneter Bedeutung. Hier interessiert nur das Vorhandensein einer Oberflächenemission als solcher und deren Ausnutzbarkeit für eine Abstandsmessung.

Da s nicht als eine das Material Eisen kennzeichnende Konstante festgelegt werden kann, sind nur relative Abstandsmessungen möglich. Dies ist jedoch völlig ausreichend für den beabsichtigten Einsatz als Meßfühler in einem Regelkreis für die Füllhöhe in Stranggießkokillen. In einem solchen Regelkreis ist die Abweichung von einem vorgegebenen Füllstand auf null auszuregeln.

Die Größe der emittierenden Fläche geht nach den Untersuchungen linear in die Beziehung ein. Eine Variation des Schutzrohrdurchmessers zur Messung bei verschieden großen Emissionsflächen war nicht möglich, da es schwierig und kostspielig ist, hochtemperaturfestes keramisches Material in den erforderlichen verschiedenen Abmessungen zu bekommen. Ersatzweise wurde daher die Emission im Schutzrohr mit der gesamten Eisenoberfläche nach Entfernen des Schutzrohres verglichen. Bei einem Flächenverhältnis von 6 wurde ein Stromverhältnis von 5 gemessen, wobei zu beachten ist, daß das elektrische Feld bei der Messung an der Gesamtoberfläche sehr stark inhomogen war. In einem weiteren Versuch wurde die Oberfläche mit Glas zugeschmolzen. Der eingefangene Strom nahm in dem Maße ab, wie die Glasschmelze die Oberfläche des Eisens bedeckte.
Einen der emittierenden Oberfläche proportionalen Emissionsstrom setzt auch die Richardsongleichung für die Elektronenemission im Vakuum voraus, ebenso wie für die Ionenemission.

6.2 Erfassung von Fangblechabstand d und Katodenspannung

Die Berücksichtigung des Parameters Abstand d ergibt eine weitere multiplikative Exponentialfunktion, deren negativer Exponent seinerseits von der angelegten Katodenspannung U_K abhängig ist.

Vom Fangblech (Katode) aufgenommener Strom:

$$i_K = i_e(t) \cdot f(d, U_K) = i_e \cdot e^{-k(U_K) \cdot d} = I'e0 \cdot F \cdot e^{st} \cdot e^{-k(U_K)d} \quad (5)$$

Zur Ermittlung der Spannungsabhängigkeit des Exponenten werden die Bilder 9 und 10 herangezogen. Beide Messungen erfolgten an der 2. Eisenprobe.

Aus der Beziehung $i_K = i_e \cdot e^{-k(U_K)d}$ bzw. $k(U_K) = \dfrac{\ln i_e/i_K}{d}$

wurde für die vorliegenden Messungen $k(U_K)$ bestimmt.

Es ergeben sich mit d = 20 mm folgende Rechenwerte:

Bild 9 (t = 900°C = const.)

U_K (kV)	i_K (uA)	i_e/i_K	k (mm^{-1})	$10^2 k U_K$ (kV/mm)
0,5	0,11	227	0,27	13,5
0,7	0,35	71,5	0,213	14,9
1,1	0,8	31	0,172	18,9
1,5	1,35	18,5	0,146	21,9

Bild 10 (t = 700°C = const.)

U_K (kV)	i_K (uA)	i_e/i_K	k (mm^{-1})	$10^2 k U_K$ (kV/mm)
0,3	$4,6 \cdot 10^{-2}$	280	0,281	8,4
0,5	0,22	59	0,204	10,2
1,1	0,75	17,4	0,142	15,6
1,5	1,25	10,4	0,118	17,7

Der sich ergebende Verlauf von $k(U_K)$ läßt einen offensichtlich hyperbolischen Charakter erkennen. Es wird daher das Produkt $k(U_K) \cdot U_K$ gebildet und aufgetragen (Vignetten der Bilder 9 und 10). Diese Funktion ergibt eine Gerade, so daß der gesuchte Zusammenhang allgemein lautet:

$$k \cdot U_K = g \cdot U_K + a \quad \text{bzw.} \quad k(U_K) = g + \frac{a}{U_K} \quad (6)$$

Aus Bild 9 ergibt sich:

$g = 8,75 \cdot 10^{-2} \cdot \text{mm}^{-1} \qquad a = 9 \cdot 10^{-2} \text{ kV/mm}$

$k = 8,75 \cdot 10^{-2} \text{ mm}^{-1} + 9 \cdot 10^{-2} \text{ kV}/U_K \cdot \text{mm}$

Aus Bild 10 ergibt sich:

$g = 7,81 \cdot 10^{-2}$ mm^{-1} $\quad\quad a = 6,5 \cdot 10^{-2}$ kV/mm

$k = 7,81 \cdot 10^{-2}$ mm^{-1} + $6,5 \cdot 10^{-2}$ kV/U_K mm

g sei die Grenzsteigung der Kennlinien, a die Auffächerung der Kennlinien genannt. Setzt man diesen Zusammenhang in die Gleichung 5 ein, kann die Gleichung (1) wie folgt geschrieben werden:

$$i_K = I'_{eO} \cdot F \cdot e^{st} \cdot e^{-(g + \frac{a}{U_K}) \cdot d} = I'_{eO} \cdot F \cdot \exp\left[st - (g + \frac{a}{U_K}) \right]$$

Die Konstanten g und a sind aus Meßreihen errechnet worden, die mi mehrtägigem Abstand an derselben Eisenprobe aufgenommen wurden. Zwischen den Messungen wurde der Eiseneinsatz mehrfach erwärmt. Die Konstante a ändert sich stark, während dies für g nicht in dem Maße gilt. Die Messungen werden also offensichtlich von Oberflächeneffekten beeinflußt, die im Rahmen dieser Untersuchungen nicht geklärt werden konnten. Die Oberfläche des festen Eisens ist mit Oxidschichten behaftet, die bei flüssigem Eisen in dieser Form nicht vorhanden sind.

Bei dem angestrebten relativen Abstandsmeßverfahren können Oberflächeneffekte unterschiedlich stören. Liegt die Änderungsgeschwindigkeit niedrig, so daß sich Änderungszeiten in der Größenordnung der Gießzeiten ergeben, führt dies zu einer entsprechend langsamen Verlagerung des Füllhöhenistwertes, die korrigiert werden müßte. Schnelle Änderungen sind nur dann unkritisch, wenn ihre Dauer nennenswert kleiner als die Streckenzeitkonstante der Kokille ist. Solche Störungen können ausgefiltert werden. Relativ schnelle kurzzeitige Änderungen waren während der mehrstündigen Aufnahmedauer einer Meßreihe gelegentlich zu beobachten. Es konnte nicht geklärt werden, ob dies auf Turbulenzen im Schutzrohr oder auf Änderungen der Emission zurückzuführen ist. Mit größer werdendem Abstand d wurden diese Störungen geringer. Es sei darauf hingewiesen, daß die für Aufnahme einer Meßreihe benötigte Zeit in jedem Fall um ein Mehrfaches größer war als sie für das kontinuierliche Vergießen etwa einer Doppelcharge erforderlich ist.

Die Konstante g erfaßt die Grenzsteigung der Kennlinie, die zu den Linien konstanter Feldstärke parallel verläuft, während die Konstante a ein Maß für die Auffächerung der Kennlinie unter dem Einfluß der Katodenspannung darstellt.

6.3 Meßtechnische Untersuchung der Signalgleichung

In den vorhergehenden Kapiteln sind einige Einflüsse auf das Meßergebnis erwähnt worden, die in ihrer Natur nicht definitiv geklärt werden konnten. Diese Einflüsse sind jedoch in der Signalgleichung für den eingefangenen Ladungsträgerstrom erfaßt, so daß zumindest quantitative Aussagen gemacht werden können. Hierbei kommt dem beabsichtigten Meßeinsatz des Verfahrens entgegen, daß die Anzeige logarithmisch erfolgt. Eine logarithmische Skala ist aber gegen Parameteränderungen relativ unempfindlich.

In der Folge soll untersucht werden, welche Auswirkung die verschiedenen Parameter bei als konstant angesetzten Abstand d auf die logarithmische Anzeige des eingefangenen Stromes haben. Diese Auswirkungen werden dann umgerechnet in scheinbare Füllhöhenänderungen bzw. Abstandsfehlanzeigen.
Gleichung (7) für den vom Fangblech aufgenommenen Strom:

$$i_K = I'_{eO} \cdot F \cdot e^{st} \cdot e^{-(g + \frac{a}{U_K}) \cdot d} = I'_{eO} \cdot F \cdot e^{st - (g + a/U_K) \cdot d}$$

$$\underline{i} = \ln \frac{i_K}{I'_{eO} F} = st - (g + \frac{a}{U_K}) \cdot d \tag{8}$$

Zur Abschätzung der Einflüsse der verschiedenen Parameter wird die Fehlerformel benutzt. Die Parameter werden aufgeteilt in solche, die sich während eines Gießvorganges ändern können bzw. ändern, d.h. bei einer sich während des Gießens nicht wesentlich ändernden Stahlzusammensetzung, und in solche, die sich von Charge zu Charge ändern oder ändern können.

Skalenfehlergleichung:

$$\Delta \underline{i} = s \cdot \Delta t + \frac{a \cdot d}{U_K^2} \Delta U_K + d \cdot \Delta g + \frac{d}{U_K} \Delta a + t \cdot \Delta s \tag{9}$$

Zum Einsetzen in diese Beziehungen seien festgelegt:
- Steigung der Emission: $s = 20 \cdot 10^{-3} \, K^{-1}$
- Abstand des Fangbleches: $d = 80$ mm
- Temperatur der Schmelze: $t = 1713 \, K = 1440 \, °C$

Die Gleichung zur Umrechnung des Skalenfehlers in scheinbare Abstands- bzw. Füllhöhenänderungen ergibt sich durch partielle Differentiation der Gleichung 8 nach d und Umstellung:

$$\Delta d = \frac{U_K}{a + g \, U_K} \cdot \Delta \underline{i} = c \cdot \Delta \underline{i} \tag{10}$$

Zur zahlenmäßigen Festlegung der Umrechnungsgleichung werden mittlere Werte festgelegt:
- Katodenspannung: $U_K = 1$ kV
- Grenzsteigung: $g = 8 \cdot 10^{-2}$ mm^{-1}
- Auffächerung: $a = 7,5 \cdot 10^{-2}$ kV mm^{-1}

Der Proportionalitätsfaktor c errechnet sich zu:

$$c = \frac{U_K}{a + g\, U_K} = \frac{1\ kV}{7{,}5 \cdot 10^{-2}\ \frac{kV}{mm} + 8 \cdot 10^{-2}\ \frac{kV}{mm}} = 6{,}45\ mm \qquad (11)$$

Fehlereinflüsse während des Gießvorganges

Das Stranggießverfahren erfordert eine gute Beherrschung der Schmelzentemperatur. Zu hohe Schmelzentemperaturen beanspruchen das Material der für die Zuflußbemessung wichtigen Düsen zu stark und bringen Kühlungsprobleme für den erstarrenden Strang, bei zu niedrigen Temperaturen kann die Schmelze in den Düsen einfrieren. Die Temperatur darf daher während des Gießens nicht zu stark absinken.

Es wird daher zur Abschätzung des Temperatureinflusses bei 1440°C eine Temperaturverminderung von 20 K angesetzt.

Die Katodenspannungsänderung kann mit modernen elektronischen Regelungen sehr niedrig gehalten werden. Es kann eine statische Regelkonstanz von 1 ‰ entsprechend 1 V angesetzt werden.

Temperatureinfluß:

$$\Delta \underline{i}(t) = s \cdot \Delta t = 20 \cdot 10^{-3}\ \frac{1}{K} \cdot 20\ K = 0{,}4$$

$$\Delta d(t) = c \cdot \Delta \underline{i}(t) = 0{,}4 \cdot 6{,}45\ mm = 2{,}6\ mm \qquad (12)$$

Die temperaturbedingte Signalabweichung ist mit 2,6 mm/20 K bzw. 1,3 mm/10 K vernachlässigbar klein.

Katodenspannungseinfluß:

$$\Delta \underline{i}(U_K) = \frac{a \cdot d}{U_K^2}\, \Delta U_K = \frac{7{,}5 \cdot 10^{-2}\ \frac{kV}{mm} \cdot 80\ mm}{1\ kV^2} \cdot 10^{-3}\ kV = 6 \cdot 10^{-3}$$

$$\Delta d(U_K) = c \cdot \Delta \underline{i}(U_K) = 6{,}45\ mm \cdot 6 \cdot 10^{-3} = 38{,}7 \cdot 10^{-3}\ mm \qquad (13)$$

Der Katodenspannungseinschluß kann bei geregelter Spannungsversorgung vernachlässigt werden.

Fehlereinflüsse, die sich mit der Charge ändern können

Steigung s der Emission:

Die aufgenommenen Meßreihen zeigen, daß sich s in nennenswertem Maße ändern kann. s wird von allem von der Schmelzenzusammensetzung abhängen, es wird jedoch davon ausgegangen, daß sich diese während eines Gusses nicht nennenswert ändert.

Änderungsansatz der Steigung: $\Delta s = 5 \cdot 10^{-3}\ K^{-1}$

$$\Delta \underline{i}(s) = t \cdot \Delta s = 1440\,°C \cdot 5 \cdot 10^{-3}\ K^{-1} = 7{,}2$$

$$\Delta d(s) = 6{,}45\ mm \cdot 7{,}2 = 46{,}5\ mm \qquad (14)$$

Diese Mißweisung von fast 5 cm ist ziemlich hoch und zeigt deutlich, daß dieses Verfahren nicht als absolutes, sondern nur als relatives Meßverfahren eingesetzt werden kann.

Sollte sich bei weiteren Untersuchungen an flüssigem Stahl erweisen, daß s tatsächlich nur mit der Charge seinen Wert ändert, so wäre diese Mißweisung ohne Bedeutung.

Es wäre lediglich bei jedem Gießvorgang der Füllhöhenbezugspunkt als Sollwert neu einzustellen.

Auffächerung a und Grenzsteigung g der Kennlinien:

angesetzt werden: $\Delta a = 2,5 \cdot 10^{-2}$ kV $\cdot$ mm^{-1} und $\Delta g = 1 \cdot 10^{-2}$ mm^{-1}

$$\Delta i\,(a) = \frac{d}{U_K}\Delta a = \frac{80 \text{ mm}}{1 \text{ kV}} \cdot 2,5 \cdot 10^{-2} \frac{\text{kV}}{\text{mm}} = 2$$

$$\Delta d\,(a) = 6,45 \text{ mm} \cdot 2 = 12,9 \text{ mm}$$

(15)

$$\Delta i\,(g) = d \cdot \Delta g = 80 \text{ mm} \cdot 1 \cdot 10^{-2} \text{ mm}^{-1} = 0,8$$

$$\Delta d\,(g) = 6,45 \text{ mm} \cdot 0,8 = 5,2 \text{ mm}$$

(16)

Diese beiden Mißweisungen sind nicht zu vernachlässigen, insbesondere nicht die durch die Auffächerung der Kennlinien verursachte. Bei einer chargeweisen Änderung wäre sie jedoch bedeutungslos. Zusammenfassend läßt sich sagen, daß bei Zutreffen der obigen Annahme der Meßeffekt für regelungstechnische Zwecke anwendbar ist.

6.4 Diskussion der Spannungs- bzw. Feldabhängigkeit der Meßwerte

Zu Kap. 6.2 ist eine Gleichung zur Erfassung des Parameters Spannung aufgestellt worden (Gl. 7). Stellt man die Variable d im Exponenten dieses Ausdrucks um, ergibt sich folgende Gleichung für konstante Emissionstemperaturen:

$$i_K = i_e \cdot e^{-(g + \frac{a}{U_K})d} = i_e \cdot e^{-(gd + \frac{a}{E})} \quad (17)$$

Setzt man in dieser Beziehung E = konstant, so ergeben sich im teillogarithmischen Kennlinienfeld parallele, fallende Geraden, die entsprechend der gewählten Feldstärke verschoben sind, wie es die Bilder 9 und 10 zeigen:

$$\ln \frac{i_K}{i_e} = -(gd + \frac{a}{U_K/d}) = -(gd + \frac{a}{E}) \quad (18)$$

Für große E bestimmt der erste Summand g · d das Verhalten dieser Linien, es ergeben sich Geraden mit der Grenzsteigung g, deren Parallelverschiebung für wachsende E abnimmt.

Diese Parallelen für den Abstand d = 0 extrapoliert ergäbe mit der Feldstärke stark veränderliche Emissionswerte an der Oberfläche, die in diesem Maße nicht erklärbar sind. Tatsächlich jedoch biegen die Linien für konstante Feldstärke bei kleinem d nach oben ab und streben offensichtlich dem Wert der extrapolierten Oberflächenemission zu. Dieser Verlauf ist in der Gleichung 17 nicht erfaßt, jedoch aus den Kennlinienfeldern mit U_K = const. erklärbar: für kleine d nimmt die Auffächerung der Kennlinien U_K = const. hyperbolisch ab, eine Halbierung des Katodenabstandes entspricht nach den Messungen nicht einer Halbierung des Winkels zwischen Kennlinie und Ordinate (s. Bild 9). Folglich ist für E = U_K/d = const. und kleine d bei Halbierung des Katodenabstandes der zugehörige Spannungswert relativ höher zu suchen, so daß die Kennlinie E = const. für kleine d überproportional ansteigen und gegen den Wert der temperaturabhängigen Oberflächenemission bei d = 0 streben, da die Steigung der Spannungskennlinien für U_K gegen Null gegen große Werte geht.

Dieser Verlauf der Kennlinien für konstantes Feld dürfte auf die Raumladungen in der Höhe der emittierenden Oberfläche zurückzuführen sein, die aus Elektronen und positiven Ionen besteht.

Eine gute Illustration der Raumladungsverhältnisse vermittelt Bild 11 im Vergleich mit den Emissionsmessungen, wie z.B. den in Bild 8 dargestellten. Bild 11 zeigt die Ergebnisse einer anodischen Messung, es werden also negative Ladungsträger eingefangen. Diese Kurven zeigen eine ganz andere Charakteristik als die kathodischen Messungen. Bei kleinen Fangblechabständen ist der Strom negativer Ladungsträger vergleichsweise sehr hoch. Bis zu einem Abstand von ca. d = 2 cm nimmt dieser Strom sehr rasch ab, um dann fast konstant zu bleiben, selbst nennenswerte Temperaturänderungen haben kaum einen Einfluß, lediglich der Einfluß des Parameters Spannung ist merklich.

Für die Deutung der Vorgänge ist wesentlich anzunehmen, daß die Ladungsträger als Gemisch in der Luft vorliegen. Dies stellt auch M. v. Laue in einem Beitrag zur Theorie der thermionischen Emission fest (20), als er sinngemäß sagt, daß bei vielen Metallen und Metallverbindungen positive Ionen aufträten, "manchmal sogar ganz überwiegend". Er geht von einem Gemisch von Elektronen und mit einer Elementarladung versehenen positiven Ionen aus. Dann: "Selbstverständlich treten dann aber auch die neutralen Atome auf, welche aus der Vereinigung eines Ions mit einem Elektron hervorgehen und welche den ungeladenen Dampf bilden" (20, p. 334).

V. Laue bezieht sich auf Messungen im Hochvakuum, jedoch scheinen nach den vorliegenden Messungen seine Aussagen prinzipiell auch für athmosphärische Bedingungen zu gelten.

Danach bietet sich folgende Erklärung an: zumindest bis zu Temperaturen um $1200°C$ ist die Zahl der emittierten Elektronen bei Eisen größer bis viel größer als die der positiven Ionen. Die Elektronendichte nimmt durch Rekombination sehr rasch ab, um dann ab etwa 2 cm Abstand von der Oberfläche im Untersuchungsvolumen annähernd konstant zu bleiben, da die Zahl der Rekombinationspartner zu gering wird. Bei konstanter Elektronendichte, die gemäß den Messungen stets höher ist als die der Ionen, kommt es in dem weiter entfernten Raum zu einer konstanten Rekombinationsrate, womit sich der exponentielle Abfall des aufgenommenen Stromes erklären läßt.

Mit der Höhe z als Ortskoordinate läßt sich ansetzen:

$$-\frac{dp}{dz} \sim z = c_1 \cdot z \quad \text{(Minuszeichen: Ladungsträgerabnahme)} \quad (19)$$

Hieraus:

$$p = c_2 \cdot e^{-c_1 z} \sim \text{aufgenommenem Strom} \quad (20)$$

Gleichung 20 entspricht der Gleichung 2 in Kap. 6.1, wobei zu beachten ist, daß der Einfluß des Feldes auf die Ladungsträger nicht erfaßt ist.

Wesentlich für den Meßeffekt scheint also die konstante Elektronendichte in genügendem Abstand von der Oberfläche zu sein. Die Elektronendichte ist konstant, da nicht mehr genügend Rekombinationspartner zur Verfügung stehen. Bei einer genauen Untersuchung der Meßwerte ergibt sich, daß der Elektronenstrom nicht konstant ist, sondern geringfügig, aber stetig abnimmt. Die Richtigkeit dieses Bildes vorausgesetzt, wird in unmittelbarer Nähe der Oberfläche eine sehr hohe Rekombinationsrate anzusetzen sein, die für den Meßeffekt bei größerem Katodenabstand ausnutzbaren Ionen sind sozusagen die wenigen Überlebenden. Für diese Erklärung spricht, daß die Messungen für kleine d und hohe Temperaturen unruhiger wurden, die Meßwerte nahmen oft überproportional zu, vergl. Bild 7 ($t = 900°C$) und Bild 8 ($t = 900°C$ und $1000°C$). Dann ist sofort zu folgern, daß der extrapolierte Wert des Emissionsstromes an der Oberfläche nicht der wahre Wert ist, er muß höher liegen.

Der Meßeffekt wäre also nach den oben angegebenen Deutungen
solange ausnutzbar, wie die Zahl der Elektronen wesentlich
größer ist als die Zahl der positiven Ionen.

Wie die Bilder 9 und 10 zeigen, streben die Kennlinien mit dem
Parameter Katodenspannung bei konstanter Temperatur einer Grenzsteigung zu, die zu den Kennlinien konstanter Feldstärke parallel
liegen. Es sei darauf hingewiesen, daß die Grenzkennlinie aus der
Extrapolation der Funktion k (U_K) bzw. k $\cdot U_K$ = f (U_K) gewonnen
wurde. Diese Annäherung an die Grenzkennlinie bedeutet offensichtlich, daß die Geschwindigkeit der Ladungsträger in der Luft über
nen bestimmten Betrag hinaus nicht gesteigert werden kann, sie
wird unabhängig von der angelegten Feldstärke, damit wird das
ohmsche Gesetz ungültig, das eine der elektrischen Feldstärke
proportionale Geschwindigkeit der Ladungsträger fordert. Eine
Sättigung der Driftgeschwindigkeit beschreiben auch z.B. L.J.
Sevin (5), Gunn (19), Ryder und Shockley (17, 18) für die Beweglichkeiten von Ladungsträgern unter hohen elektrischen Feldern in den festen Stoffen Germanium bzw. Silizium.

Ein waagerechter Verlauf der Grenzkennlinie - der aufgefangene
Strom wäre dann unabhängig vom Abstand der emittierenden Oberfläche vom Fangblech - erforderte eine unendlich hohe Ladungsträgergeschwindigkeit. Nur bei einer unendlich hohen Geschwindigkeit ginge die Verweilzeit in der Luftstrecke auf Null zurück, so daß keine Rekombination stattfinden könnte. Auch aus
diesem Zusammenhang ergibt sich, daß die Grenzkennlinie ein
Maß für die größte erreichbare Geschwindigkeit der Ladungsträger ist.

Die Steigung der Grenzkennlinie ist für verschiedenes Einsatzmaterial und für verschiedene Messungen am gleichen Material
leicht veränderlich. Es ist daher anzunehmen, daß noch andere
Parameter, wie z.B. der barometrische Druck, Einfluß ausüben.
Untersuchungen in dieser Richtung wurden nicht angestellt. Ein
Einfluß dieser Veränderlichkeit auf die Messung wird für die
Dauer eines Gießvorganges nicht erwartet, er kann jedoch noch
nicht ausgeschlossen werden.

7. Messungen zur Absicherung der Emission aus der Metalloberfläche

Es sind umfangreiche Messungen durchgeführt worden, um den Entstehungsort der emittierten Ionen feststellen zu können.
Dies war erforderlich, um sicherzustellen, daß die eingefangenen positiven Ladungsträger zumindest überwiegend aus der Eisenoberfläche und nicht aus dem umgebenden keramischen Material der
Tiegelwand oder des Schutzrohres stammten.

Diese letztere Möglichkeit vermerkt sinngemäß L.P. Smith in
(7), indem er feststellt, daß die Ionen bei niedrigen Temperaturen von den Verunreinigungen oder dem umgebenden Tiegelmaterial stammten.

Bei Emissionsuntersuchungen im Vakuum ist die Natur emittierter positiver Ionen (i.d.R. einfach positiv geladene Atome) massenspektroskopisch relativ leicht festzustellen. Dies ist bei Messungen unter athmosphärischen Bedingungen nicht möglich, so daß indirekte Nachweismethoden über den Entstehungsort herangezogen werden mußten.

Bei dem einfachsten Versuch wurde eine die Oberfläche abdeckende runde Glasplatte auf das erwärmte Eisen gelegt. Als das Glas in mehrere Stücke zerstoßen wurde, stieg der von der Katode aufgenommene Strom sprungartig an. Ein weiterer einfacher Versuch war ein Glasschmelzversuch. Bei diesem Versuch wurde ein die zur Emission ausgenutzte Oberfläche eingrenzendes Glasrohr von ca. 6 cm Durchmesser verwendet. Bei genügend hoher Temperatur (ca. $1000^{\circ}C$) schmolz das Glas und bedeckte nach und nach die gesamte Metalloberfläche. Trotz steigender Temperaturen sank der aufgenommene Strom in dem Maße, wie das schmelzflüssige Glas die Metalloberfläche bedeckte. Der Strom sank im pA-Bereich auf unmeßbare Werte, als die gesamte Oberfläche mit Glas bedeckt war.

In einem anderen Versuch wurde das die Katode umgebende und eine Emissionsfläche von ca. 16 cm^2 eingrenzende Schutzrohr entfernt. Die für das Katodenfeld direkt zugängliche Emissionsoberfläche stieg damit um den Faktor 6, der aufgenommene Strom um den Faktor 5. Dies spricht dafür, daß die aufgenommenen Ladungsträger aus der Eisenoberfläche stammen. Der nicht ganz proportionale Anstieg wird auf die starke Inhomogenität des Feldes zurückgeführt. Ferner werden vorher schon positive Ladungsträger von außerhalb des oben offenen und ca. 12 cm hohen Schutzrohres die Katode erreicht haben können, so daß der nicht ganz proportionale Anstieg des Stromes erklärbar wird.

Zur genaueren Untersuchung wurde die Metalloberfläche unterhalb des Schutzrohres mit hochtemperaturfester Keramik abgedeckt, wie es die Skizzen im Bild 14 zeigen. Bei nicht abgedeckter Oberfläche lag der aufgenommene Strom bei allen Messungen nennenswert höher als bei mit Keramik abgedeckter Oberfläche (Bild 14). Dies Ergebnis wäre nicht möglich, wenn die emittierten Ionen überwiegend aus dem keramischen Material stammten. Es ist sogar anzunehmen, daß auch bei abgedeckter Oberfläche überwiegend Ionen aus dem Eisen von der Katode aufgenommen werden, da beide Emissionsmessungen um $750^{\circ}C$ gleiche Unstetigkeiten aufweisen, die offensichtlich auf Umkristallisierungsvorgänge im Eisen zurückzuführen sind (s.u.).

Das Ergebnis einer letzten Meßreihe zur Feststellung des Emissionsortes zeigt das zweiteilige Bild 15, das die Emission im Bereich zwischen ca. $700^{\circ}C$ und $800^{\circ}C$ in einer feineren Temperaturabstufung zeigt. Bei den Emissionsmessungen war immer wieder festzustellen, daß die Emission zwischen $700^{\circ}C$ und $800^{\circ}C$ eine Unstetigkeit aufwies (vergl. Bilder 6, 7 und 9). Unterhalb von ca. $700^{\circ}C$ ist der Emissionsanstieg größer als oberhalb von ca. 800°C. Bild 15 zeigt nun eine genauere Ausmessu: dieses Bereiches, bei der allerdings die Beherrschung des Parameters Temperatur bei den gewählten engen Intervallen außerordentliche Schwierigkeiten bereitete.

Die Unstetigkeit der Emission wird als Folge der in diesem Temperaturbereich stattfindenden Umkristallisation des Eisens gedeutet (Perlitpunkt, bei reinem Eisen 741°C). Ähnliche Kurven werden bei der thermisch-mechanischen Untersuchung von Legierungen des Eisens mit dem Dilatometer gewonnen (41). Unterhalb des Perlitpunktes ist das Eisen kubisch raumzentriert, oberhalb in der dichtesten Kugelpackung kubisch flächenzentriert. Das kubisch flächenzentrierte Kristallgefüge ist dichter gepackt, in Übereinstimmung mit dem dichteren Kristallgefüge wird der Anstie der Emission geringer, was einer Erhöhung der Austrittsarbeit entspricht.

Die Unstetigkeiten im Emissionsverlauf sind also zwanglos mit temperaturabhängigen Vorgängen im Kristallgefüge des Eisens zu erklären, dagegen nicht mit Vorgängen in der Tiegelauskleidung oder dem keramischen Schutzrohr.

Die Unstetigkeiten sind ein Indiz dafür, daß die aufgefangenen Ladungsträger zumindest aus dem Eisen stammen und daher von der Oberfläche des Eisens emittiert werden.

8. Grundsätzliche Anordnung einer Meßeinrichtung, Aussichten des Meßverfahrens und weitere Untersuchungen

Die Schaltung zur Umformung des Emissionsstromes in ein Meßsignal ist denkbar einfach (Bilder 16 und 17).

Der Emissionsstrom wird durch einen logarithmierenden Verstärker in ein Spannungssignal umgeformt. Dieses Signal wird mit einer Spannung verglichen, die dem optimalen Füllstand der Kokille en spricht und z.B. vom Gießmeister bei Gießbeginn festzulegen ist. Entspricht der Istwert der Gießspiegelhöhe dem Sollwert, so ist die Differenz null. Jede Abweichung vom vorgegebenen Sollwert wird vom Abweichungsverstärker zur Anzeige gebracht bzw. sie wird von der Füllhöhenregelung ausgeregelt.

Zu den Aussichten des Meßverfahrens ist folgendes zu sagen: das Verfahren nutzt einen sehr einfachen physikalischen Effekt aus. Die Auswerteelektronik kann daher sehr einfach und preiswert gestaltet werden. Die Meßeinrichtung reagiert empfindlich auf Füll höhenänderungen, diese Eigenschaft kann allerdings auch wieder die Störungsempfindlichkeit beträchtlich machen.

Hauptnachteil ist, daß der Meßfühler Platz in der Kokille benötigt. Der Gießer auf der Stranggießanlage ist dagegen stets bemüht, irgendwelche Zusatzgeräte aus der Gießkokille fernzuhalten Hieran könnte der Einsatz eines solchen Meßgerätes scheitern, wenn es nicht ganz außerordentliche meßtechnische, sicherheitstechnische und auch preisliche Vorteile bietet.

Aus Sicherheitsgründen sind einige Untersuchungen bisher unterlassen worden, sie sollen in einem Stahlwerk an Speziallaboreinrichtungen bzw. an Stahlpfannen nachgeholt werden.

Die wichtigsten weiteren Untersuchungsvorhaben sind:

- Standfestigkeit des für das Schutzrohr benötigten keramischen Materials bzw. Suche nach einem geeigneten Material
- Untersuchungen, ob sich innerhalb des Rohres eine Schlackenschicht bildet
- Emissionsmessungen an flüssigem Stahl über längere Zeitdauern.

Erst wenn diese Versuche positiv ausgehen, kann daran gedacht werden, eine derartige Meßeinrichtung probeweise in einer Stranggießkokille zu betreiben.

9. Zusammenfassung

Die Arbeit zeigt, daß die thermische Emission von positiven Ladungsträgern durch die Oberfläche von erwärmtem bzw. flüssigem Eisen zu einer relativen Abstands- bzw. Füllhöhenmessung des Eisens ausnutzbar ist.

Die Ergebnisse lassen sich wie folgt zusammenfassen:
- Eine genügend hoch erwärmte Eisenoberfläche emittiert in Luft positive und negative Ladungsträger.
- Die Emission der positiven Ladungsträger ist für eine relative Abstands- bzw. Füllhöhenmessung des flüssigen Eisens ausnutzbar.
- Die Ionenemission in Luft zeigt ein Verhalten analog zu der in der Richardsongleichung beschriebenen thermionischen Emission im Vakuum.
- Mittels der thermischen Ionenemission in Luft sind offensichtlich Gefügeumwandlungen des Eisens erfaßbar. Eine eingehende Untersuchung dieses Effektes erfolgte allerdings nicht.
- Es besteht ein linearer Zusammenhang zwischen dem logarithmierten Emissionsstrom und dem Abstand der Meßelektrode von der Eisenoberfläche. Dabei nimmt der Strom mit zunehmendem Abstand ab.
- Es sind nur relative Füllhöhenmessungen praktikabel, dies ist jedoch für den beabsichtigten Anwendungsfall ausreichend. Absolute Messungen sind zumindest bei festem Eisen wegen der nicht beherrschbaren Oberflächeneinflüsse nicht zu garantieren. Über absolute Messungen bei flüssigem Eisen kann mangels Erfahrung noch nichts ausgesagt werden.
- Die Katodenspannung kann zur Einstellung des Meßbereiches bzw. der Meßempfindlichkeit benutzt werden.
- Günstige Meßabstände liegen zwischen ca. 80 mm und 120 mm Katodenabstand von der Schmelzenoberfläche.
- Die Meßeinrichtung ist voraussichtlich relativ billig zu erstellen.

Erkennbare nachteilige Eigenschaften des Verfahrens sind:
- Der Meßfühler beansprucht Platz in der Kokille. Das Meßverfahren ist daher nur bei Brammenanlagen, allenfalls bei Blockgießanlagen, nicht dagegen bei Knüppelanlagen einsetzbar.
- Der zur Messung benutzte Badspiegelausschnitt muß während der Gießzeit zuverlässig schlackenfrei bleiben. Die Erfüllung diese Forderung kann Schwierigkeiten bereiten.
- Zum Herabsetzen der Luftturbulenzen in der Meßstrecke ist ein die Katode umhüllendes und in die Schmelze eintauchendes keramisches Schutzrohr erforderlich. Die genügende Standfestigkeit der Keramik ist kritisch.
- Die Messung wird unsicher, falls es bei flüssigem Stahl zu unregelmäßigen Emissionsausbrüchen kommt. Dies konnte bisher nicht geprüft werden.

10. Literaturzusammenstellung

1. W. Schwarzmaier
   Stranggießen - Entwicklung und Anwendung
   1957 by Berliner Union GmbH, Stuttgart

2. Hans G. Baumann
   Stahlstrang - Gießanlagen
   Verlag Stahleisen mbH., Düsseldorf

3. T.J. Jones
   Thermionic Emission
   Methuen & Co. LTD, London, 1936

4. O.W. Richardson
   The Emission of Electricity from Hot Bodies, 2^{nd}Ed.
   Longmans, Green and Co., London, 1921

5. Leonce J. Sevin
   Field-Effect Transistors, p. 13ff
   McGraw-Hill Book Company, New York, 1965

6. Lueger
   Lexikon der Technik, Band 5 - Lexikon der Hüttentechnik
   Deutsche Verlagsanstalt, Stuttgart

7. Handbook of Physics
   McGraw-Hill Book Company, Inc.
   New York 1958; Part 8, Chapter 6

8. Hans Graf
   Entwicklung auf dem Gebiet der metallurgischen Verfahrenstechnik
   Stahl und Eisen 96 (1976) Nr. 3, S. 117 ff

9. G. Bauer u.a.
   Die Brammenstranggießanlage der August-Thyssen-Hütte
   im Oxygenstahlwerk Beeckerwerth -
   Beschreibung der Anlage und Betriebsergebnisse der ersten
   zwei Jahre.
   Stahl und Eisen 97 (1977) Nr. 1, S. 17 ff

10. R. Schneider u.a.
    Die Maschinentechnik von Hochleistungs-Brammenstranggießanlagen
    Stahl und Eisen 95 (1975) Nr. 5, S.

11. A. Wehnelt
    Über den Austritt negativer Ionen aus glühenden Metallverbindungen und damit zusammenhängende Erscheinungen.
    Annalen der Physik, Vol. XIV, p. 425 ff (1904)

12. H.B. Wahlin
    The Emission of Positive Ions from Metals
    Physical Review 34, p. 164 (1929) und 39, p. 183 (1932)

13. H. Grover
    Thermionic Emission of Positive Ions from Molybdenum
    Physical Review Vol. 52, 1937, p. 982 ff.

14. G.J. Mueller
    The Distribution of Initial Velocities of Positive
    Ions from Tungsten
    Physical Review Vol. 45, 1934, p.314 ff

15. L.P. Smith
    The Emission of Positive Ions from Tungsten and Molybdenum
    Physical Review Vol. 35, 1930, p. 381 ff

16. S. Dushman
    Thermionic Emission
    Reviews of Modern Physics, Vol. 2 Oct. 1930, No. 4

17. E.J. Ryder and W. Shockley
    Mobilities of Electrons in High Electric Fields
    Physical Review, Vol. 81, No. 1, 1951

18. E. J. Ryder
    Mobility of Holes and Electrons in High Electric Fields
    Physical Review, Vol. 90, No. 5, 1953

19. J.B. Gunn
    The Field-Dependence of Electron Mobility in Germanium
    J. Electronics and Control, Vol. 2, 1956

20. M.V. Laue
    Zur Theorie der von glühenden Metallen ausgesandten
    positiven Ionen und Elektronen
    Sitzungsberichte der Preußischen Akademie der Wissenschaften,
    Mathematisch-Physikalische Klasse, 1923

21. A. Goetz
    Die glühelektrische Elektronenemission bei Umwandlungs-
    und Schmelzpunkten
    Physikalische Zeitschrift, 24. Jahrgang, Nr. 18, 1923

22. H. J. Spanner
    Über die thermische Emission elektrisch geladener Teilchen
    Annalen der Physik, IV. Folge, Bd. 75, 1924

23. Pierre Poncet
    Regulation du niveau en conlée continue
    La Technique moderne, Juin 1976

24. Temperaturmessung und Badspiegelerfassung in Stahlwerken
    Unveröffentlichte Notiz der AEG Berlin vom 28.11.1967, A23

25. BP2 Regulator
    Control and regulation of molten steel level in a
    continuous casting mould
    Firmenschrift der Clesid/Creusot-Loire, St. Etienne
    und der Concast AG, Zürich

26. Edgar Müller
    Die Emission von glühendem Platin in Gasen
    Inauguraldissertation, (Annalen der Physik, 5. Folge,
    Bd. 14, H7, 1932)
    Universität Berlin 1933, J.A. Barth in Leipzig

27. Irmgard Ameiser
    Untersuchung über die glühelektrische Emission von
    Metallen in der Umgebung ihres Schmelzpunktes
    Inauguraldissertation Univ. Berlin 1931
    Doktordruck - Grahphisches Institut Paul Funk, Berlin

28. Gösta Siljeholm
    Untersuchung über die glühelektrische Emission des Eisens
    Inauguraldissertation Univ. Berlin 1930
    Doktordruck - Graphisches Institut Paul Funk, Berlin

29. Sergius Seiliger
    Über Emission von Elektronen und positiven Ionen im
    Schmelzpunkt von Metallen
    Inauguraldissertation Univ. Berlin 1926

30. Jose Morancho, Heinz Viemann
    Füllstandsmessung flüssiger Metalle
    Graduierungsarbeit an der FH Bochum, 1972

31. Wolfgang Pees
    Füllstandsmessung flüssiger Metalle mit elektrischen Mitteln
    Gradüierungsarbeit an der FH Bochum, 1973

32. Mechanische Meßmittel
    AS 2 039 019

33. Pneumatische Verfahren
    AS 1 235 016; OS 2 306 678

34. Thermoelektrische Verfahren
    AS 1 279 358; AS 2 024 911

35. Induktive Verfahren
    AS 1 210 998

36. Kapazitive Verfahren
    OS 1 548 968

37. Konduktive Verfahren
    AS 1 232 762; AS 1 773 251

38. Strahlende Einrichtungen
    PS 876 115; AS 1 226 320; OS 2 461 086

39. Infrarotverfahren
    AS 1 458 181

40. Wulf D. Liestmann
    Stranggießen von Stahl als Verfahren zwischen Schmelzbetrieb
    und Fertigwalzwerk
    Stahl und Eisen 95 (1975) Nr. 1, S 23 ff

41. F. Eisenkolb
    Einführung in die Werkstoffkunde, Bd. 1 u. 3
    1957, VEB Verlag Technik Berlin

11. Verzeichnis der verwendeten Formelzeichen

i_K [A] : von der Katode eingefangener Ladungsträgerstrom.

i_e [A] : Betrag des von einer gegebenen Fläche emittierten Str

i'_e [A/cm^2]: flächenbezogener von der Oberfläche emittierter Stro

I_{e0} [A] : Betrag des emittierten Stromes bei d = 0 und 0° C. Rechnerischer Bezugswert.

I'_{e0} [A/cm^2]: Flächendichte des emittierten Stromes bei d = 0 und (

i [-] : Zwischenrechengröße.

t [°C] : Temperatur.

d [cm] : Abstand der Katode von der emittierenden Oberfläche.

F [cm^2] : emittierende Oberfläche.

U_K [kV] : Katodenspannung.

E [kV/cm] : elektrische Feldstärke.

s [1/K] : Exponent; Anstieg des logarithmierten Stromes mit der Temperatur.

k [1/mm] : Exponent; erfaßt den Einfluß der Katodenspannung auf den Katodenstrom.

g [1/mm] : Exponent; erfaßt die Grenzsteigung der Kennlinienfeld Maß für die Grenzgeschwindigkeit der Ladungsträger in der Luft.

a [kV/mm] : Exponent; erfaßt die Auffächerung der Kennlinien. Maß für den Einfluß der Katodenspannung auf den Katodenstrom.

c [mm] : Zwischenrechenkonstante zur Ermittlung von Mißweisung

c_1; c_2 : Konstanten.

p [cm^{-3}] : Raumdichte der positiven Ladungsträger.

2. Verzeichnis der Bilder

Blatt-Nr.:

1. : Prinzipanordnung einer Stranggußanlage (Bogengußanlage).

2. : Prinzipanordnung einer Stranggußanlage (senkrechter Abzug).

3. : Schnittzeichnung des verwendeten Induktionstiegels.

4. : Meßschaltung. Meßanordnung.

10. : Emissionsstrom als Funktion des Katodenabstandes.

11. : Messung des Anodenstromes als Funktion des Anodenabstandes.

2.13. : Langzeitverhalten der Emission.

14. : Emission bei freier und abgedeckter Oberfläche.

15. : Untersuchung der Emission in der Nähe der Gefügeumwandlung bei der Perlittemperatur.

16. : Prinzipskizze der Anordnung des Meßfühlers.

17. : Prinzipielle Meßanordnung.

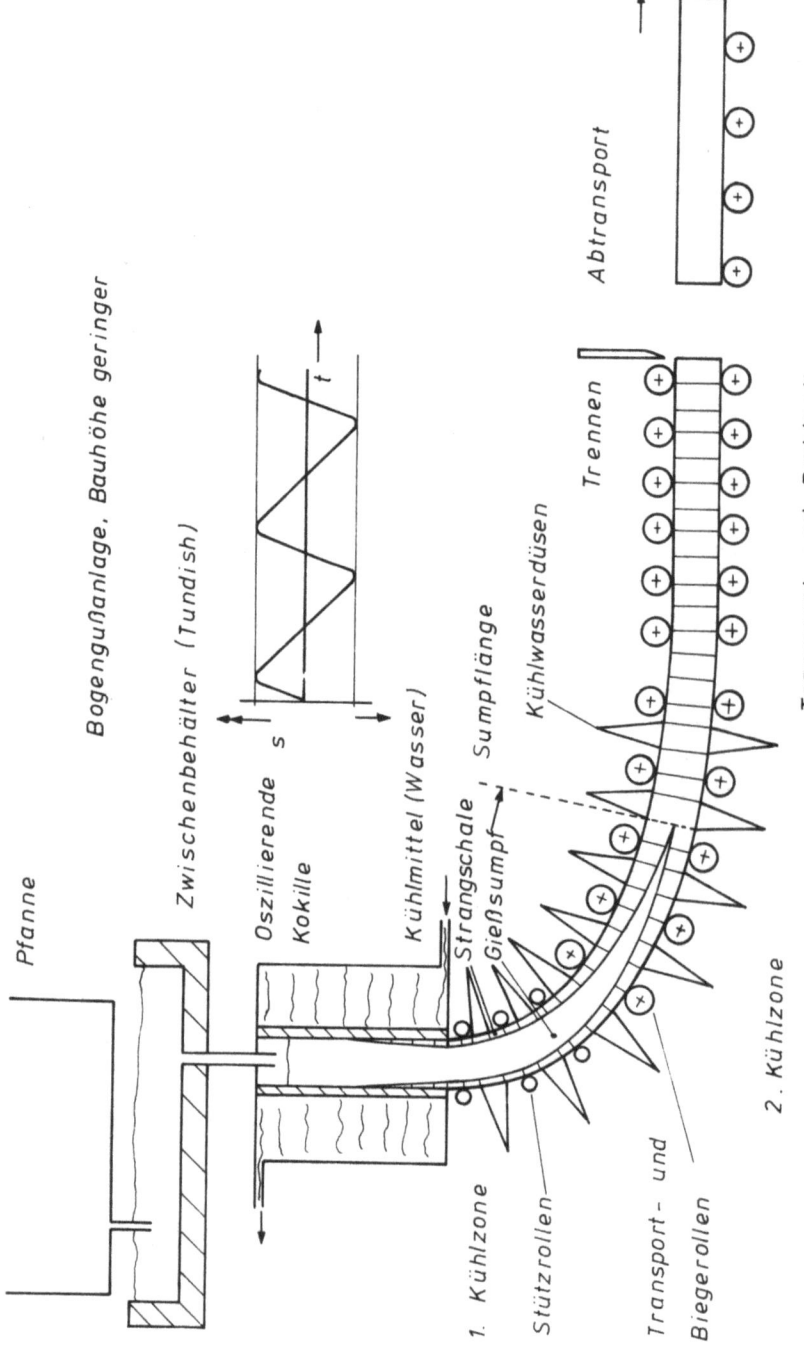

Bild 1: Prinzipanordnung einer Stranggußanlage

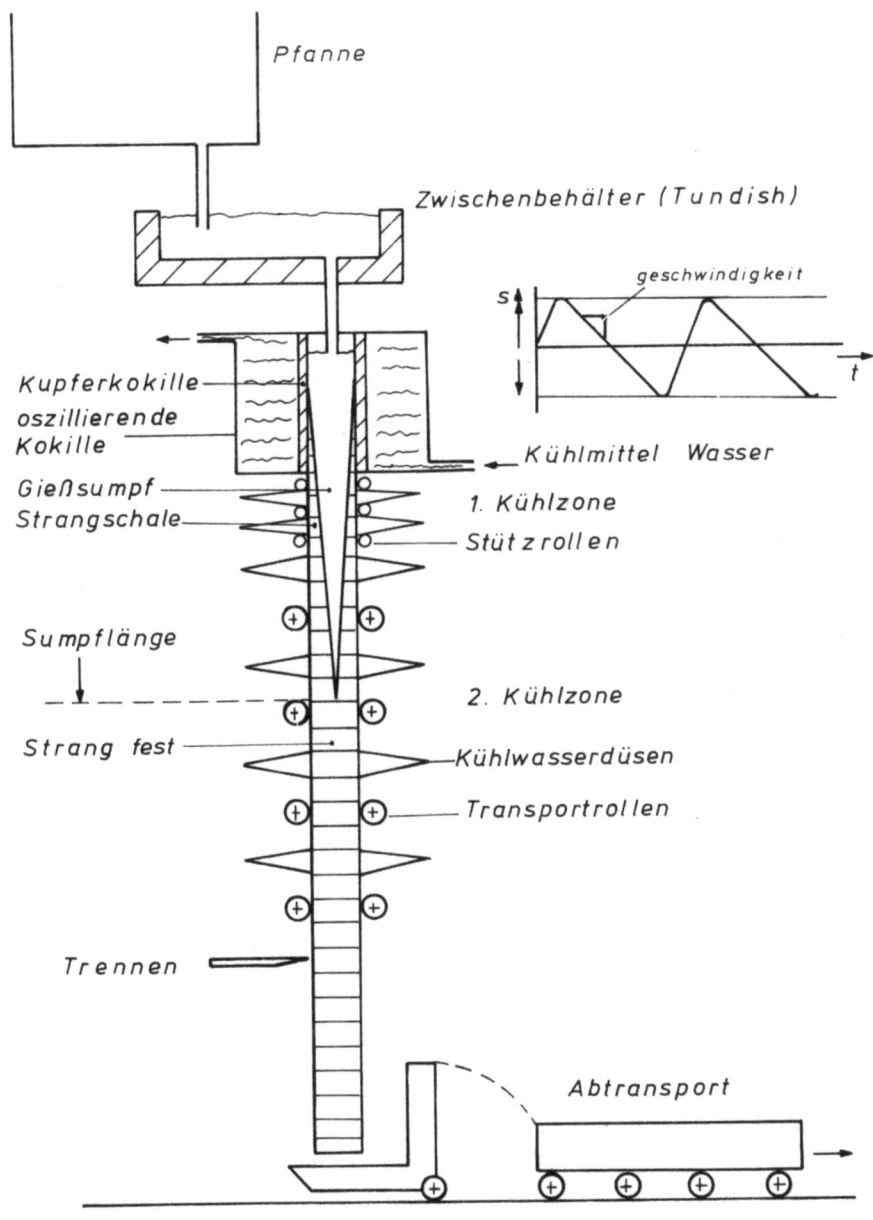

Bild 2: Prinzipanordnung einer Stranggußanlage

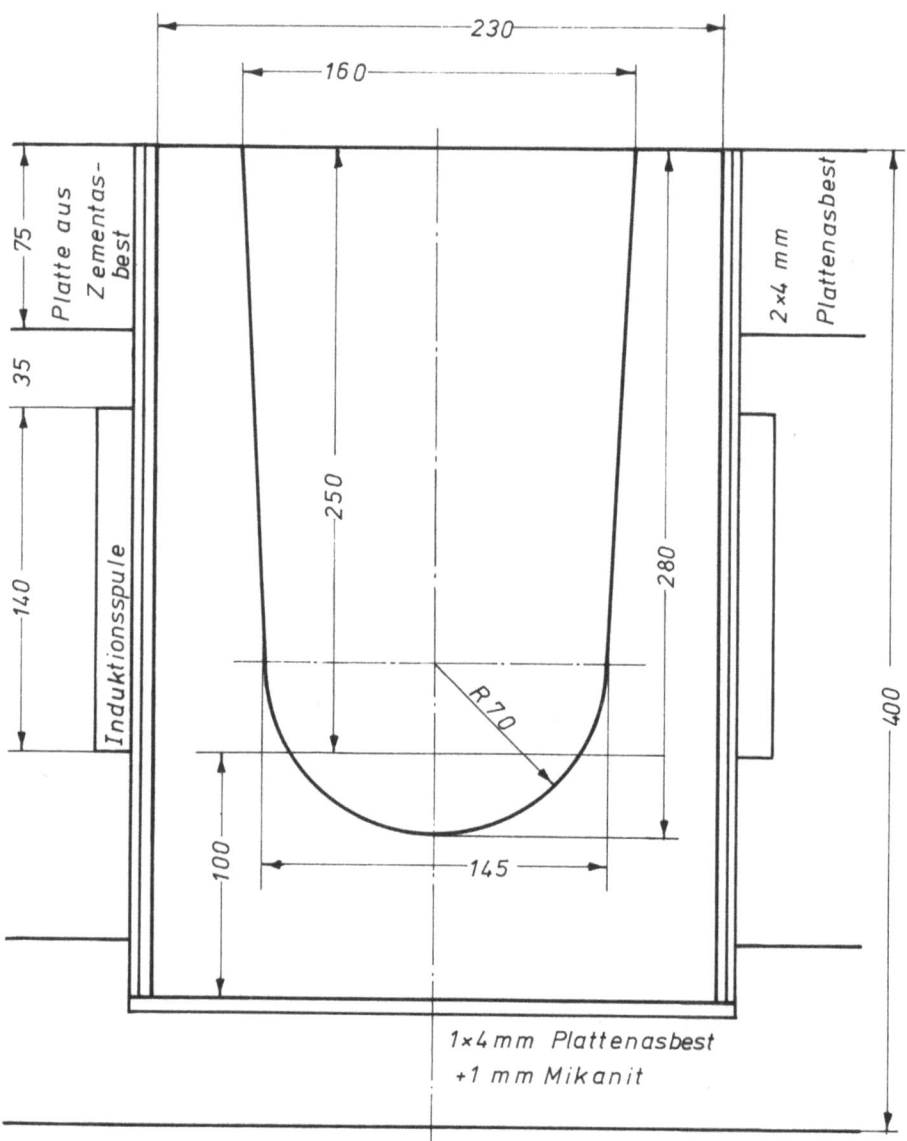

Bild 3: Schnittzeichnung des verwendeten Induktionstiegels

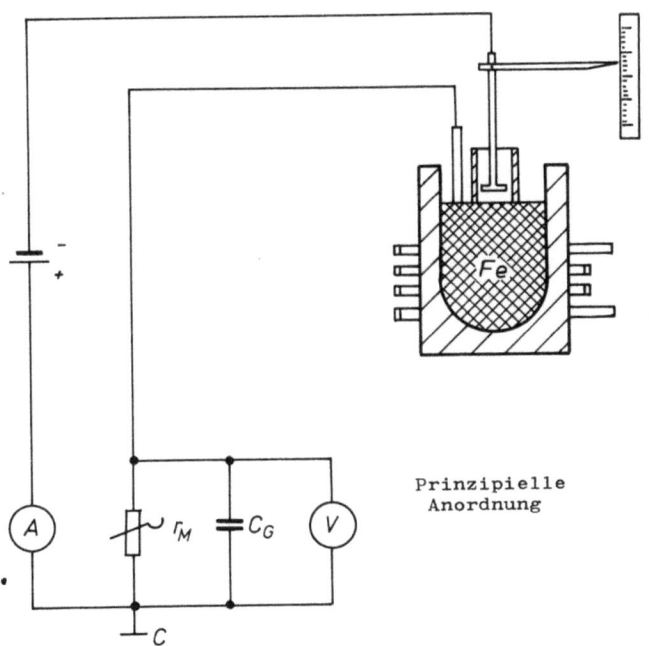

Prinzipielle
Anordnung

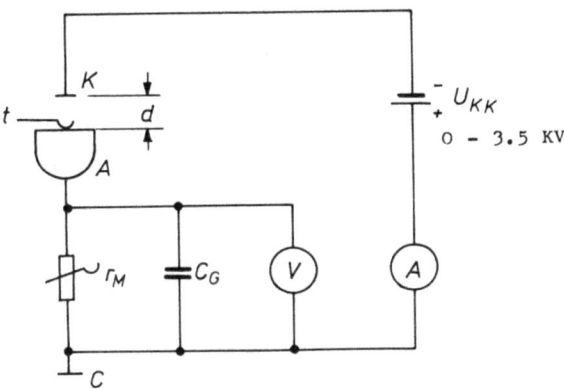

Meßschaltung

Bild 4: Meßschaltung, Meßanordnung

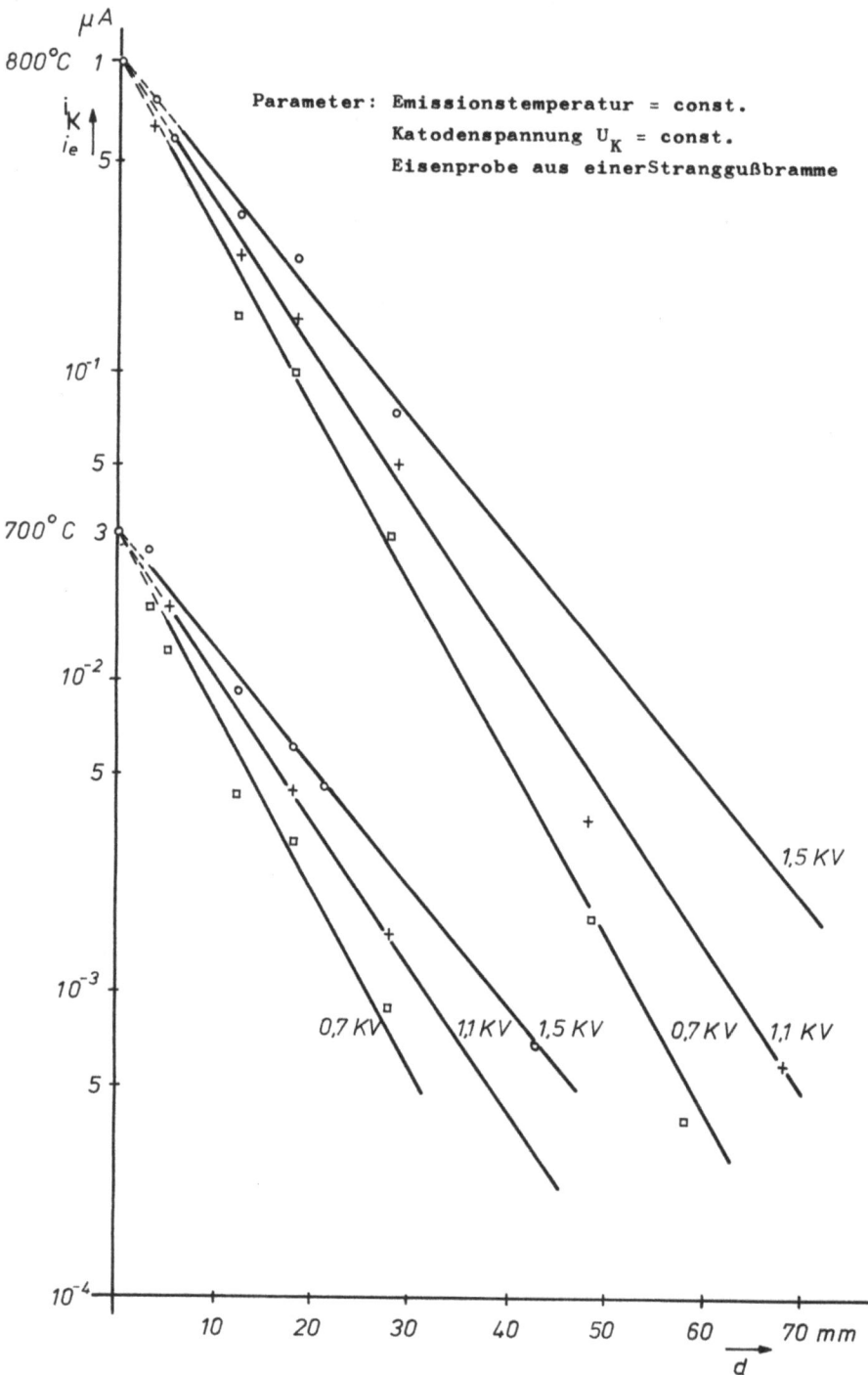

Bild 5: Emissionsstrom als Funktion des Katodenabstandes

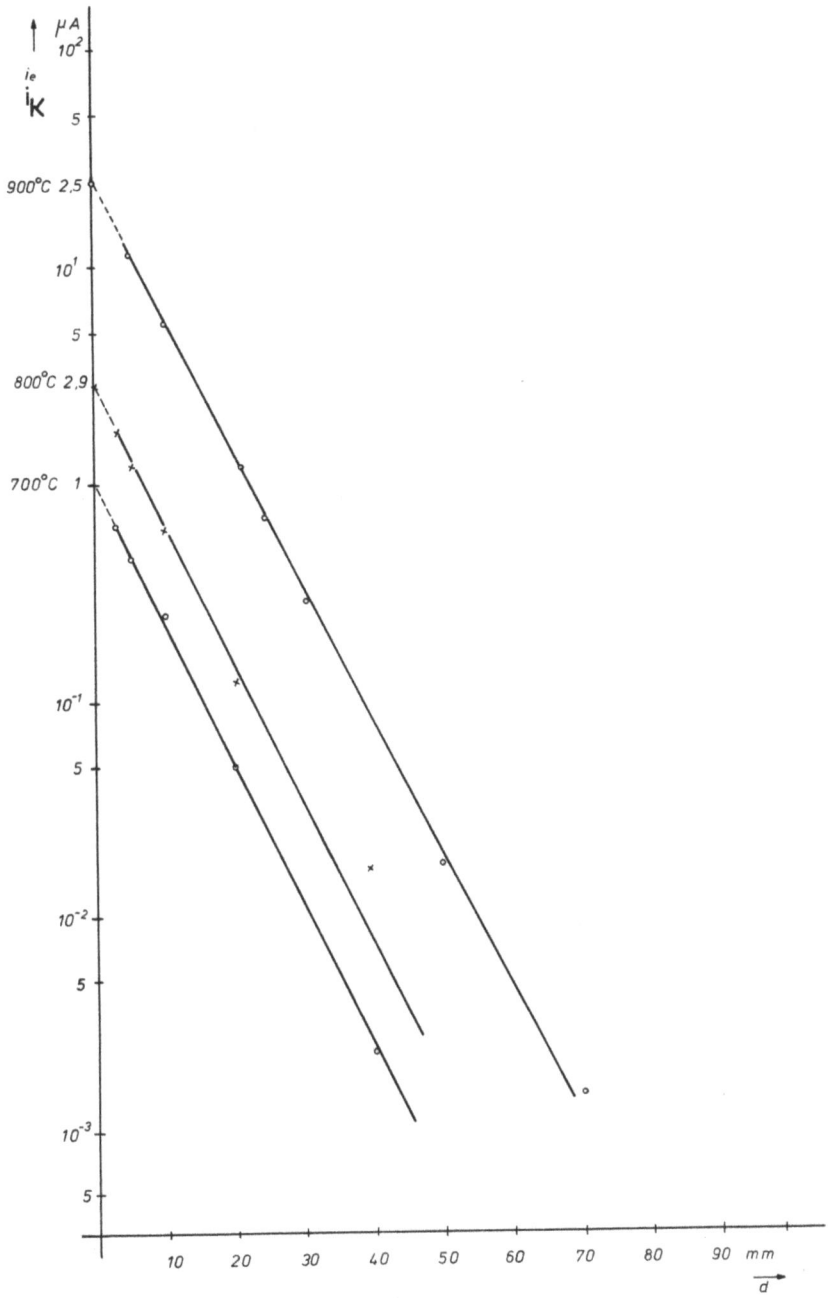

Bild 6: Emissionsstrom als Funktion des Katodenabstandes
Parameter: Emissionstemperatur t = const.
Katodenspannung U_K = const. = 1.5 KV
Zunderarme Eisenoberfläche

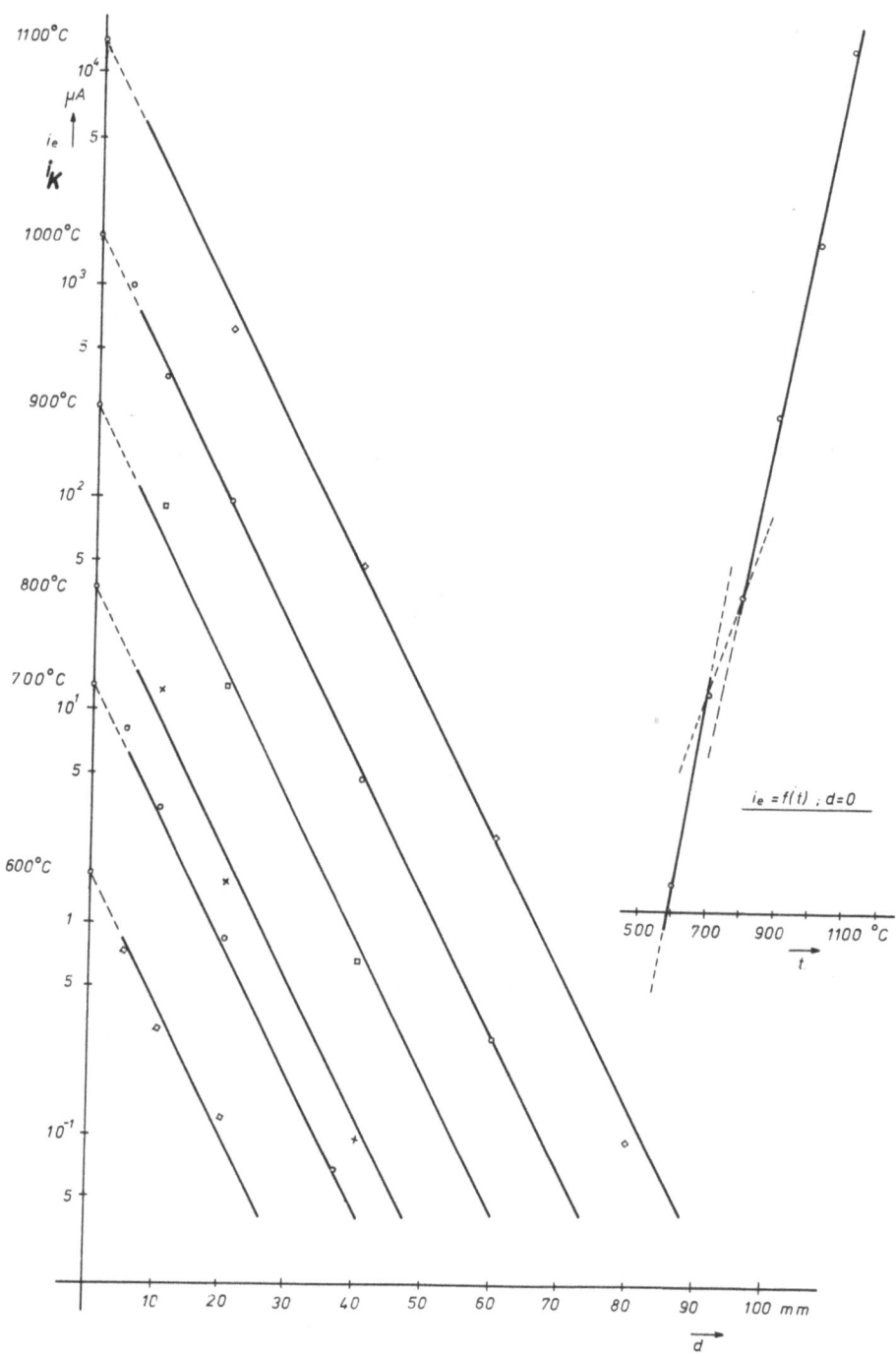

Bild 7: Emissionsstrom als Funktion des Katodenabstandes
Zusatzfunktion: Emissionsstrom als Funktion der Temperatur, Katodenblechabstand d = 0 (extrapoliert)

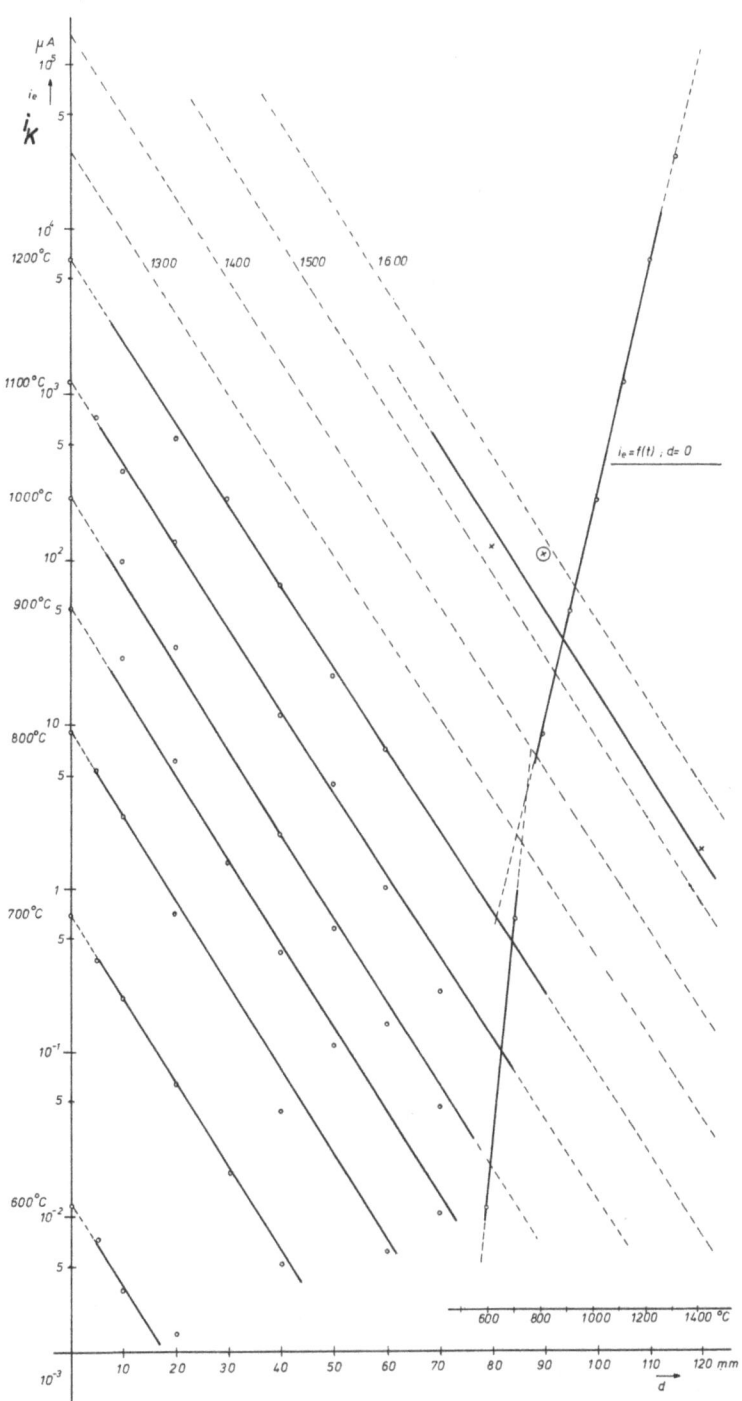

Bild 8: Emissionsstrom als Funktion des Katodenabstandes
Zusatzfunktion: Emissionsstrom als Funktion der Temperatur, Katodenblechabstand d = 0 (extrapoliert)

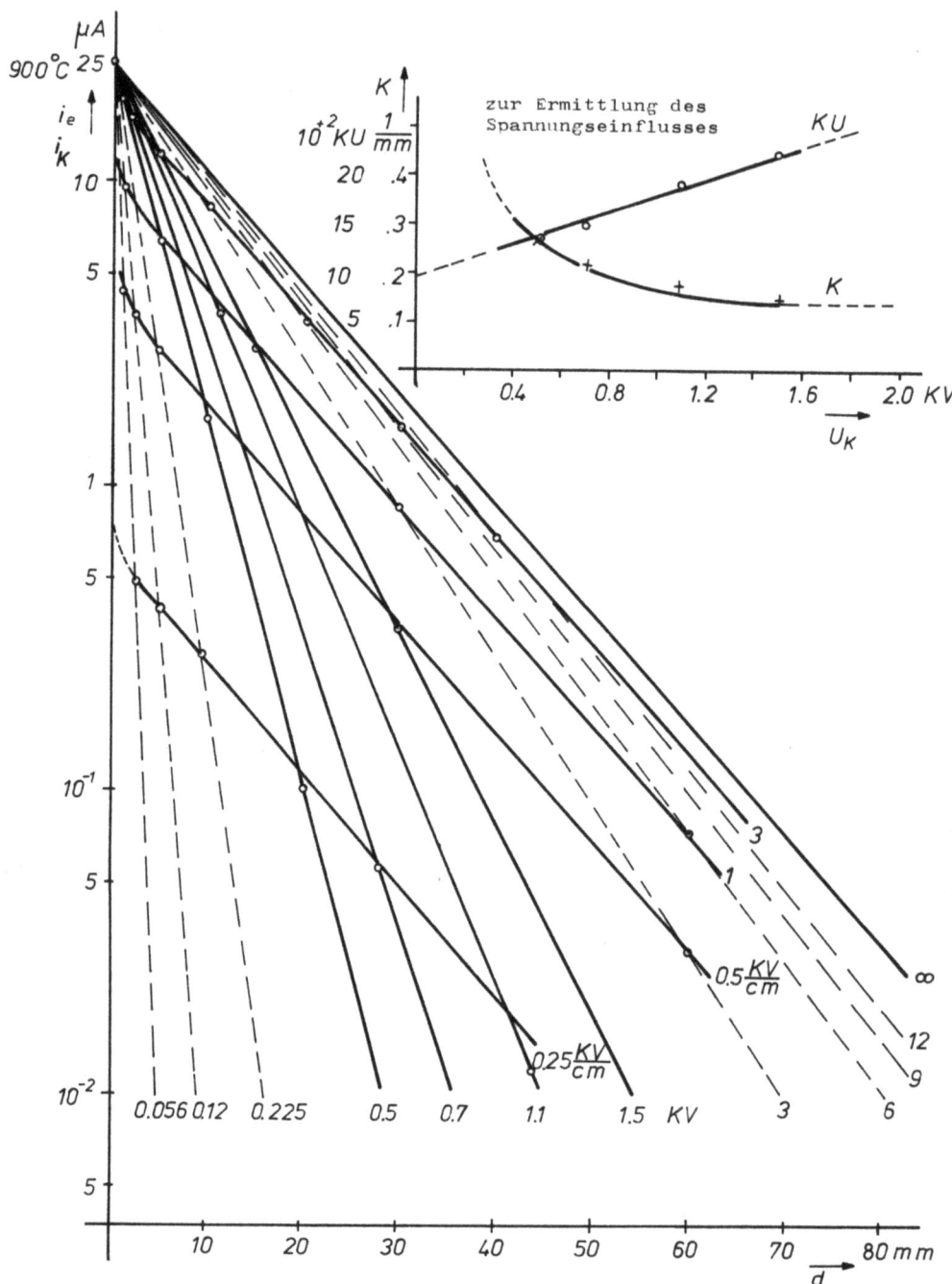

Bild 9: Emissionsstrom als Funktion des Katodenabstandes

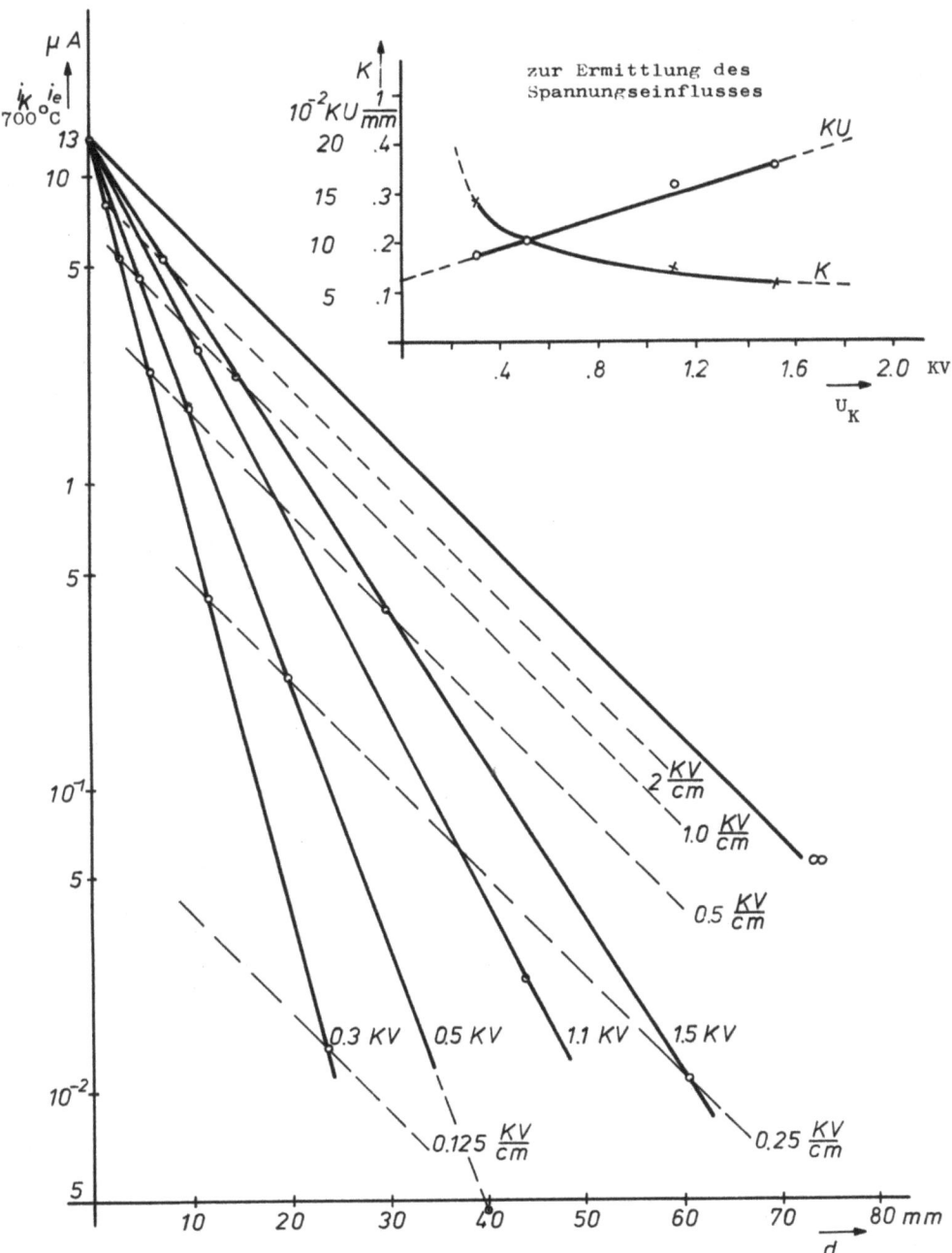

Bild 10: Emissionsstrom als Funktion des Katodenabstandes

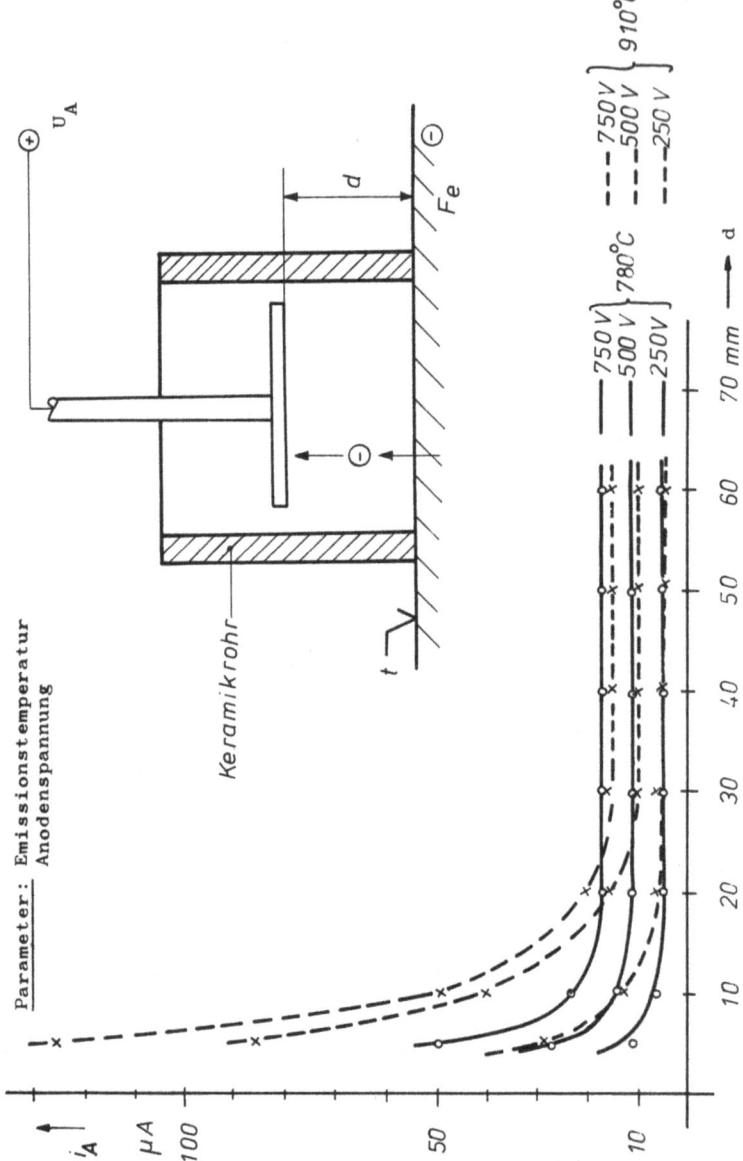

Bild 11: Messung des Elektronenstromes als Funktion des Anodenabstandes

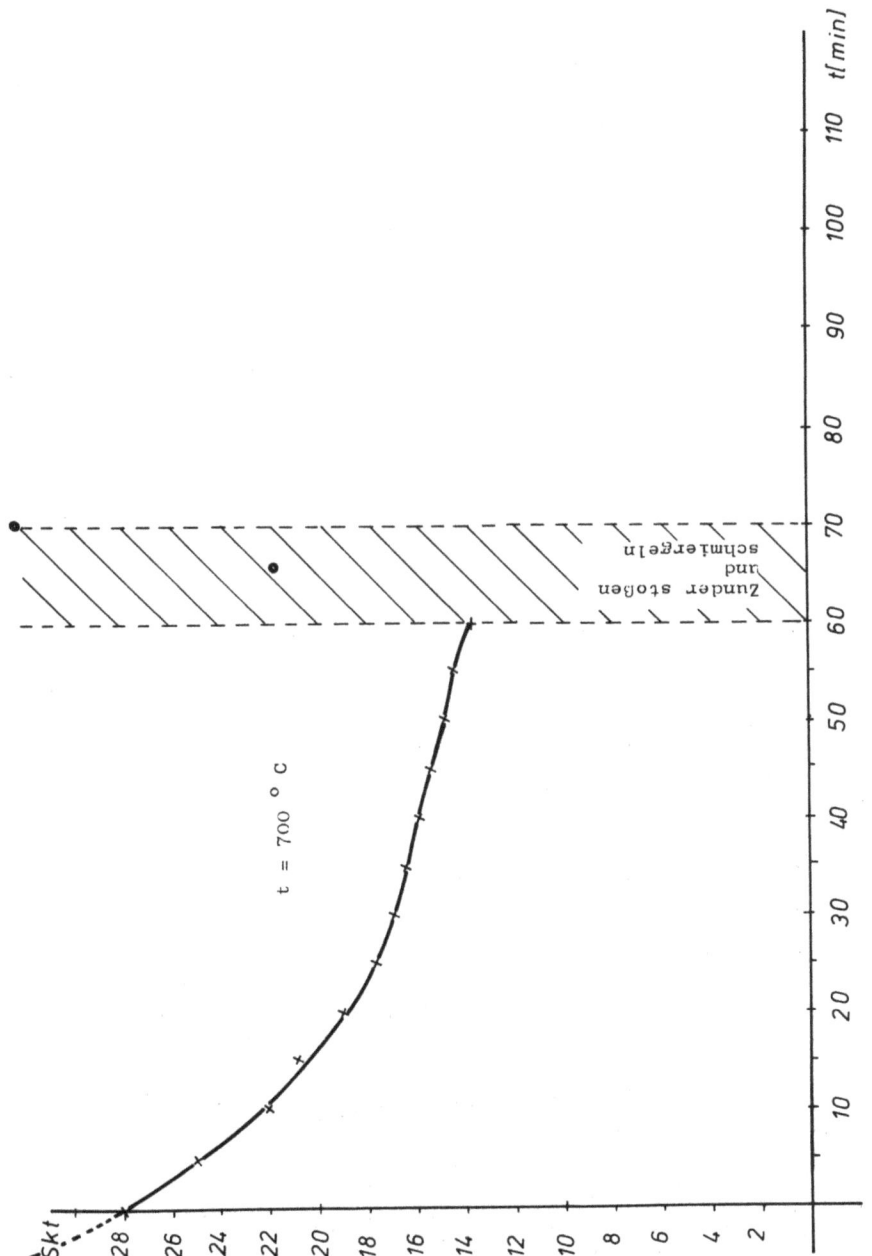

Bild 12: Langzeitverhalten der Emission

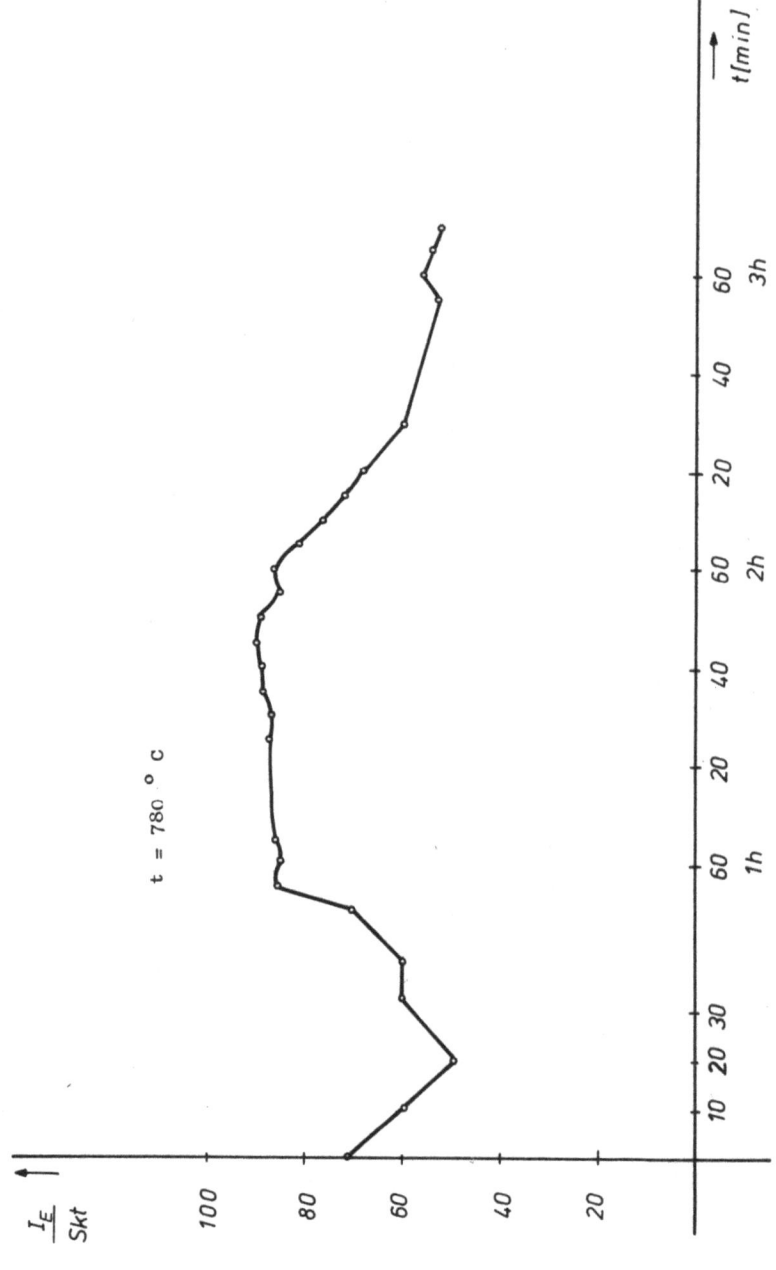

Bild 13: Langzeitverhalten der Emission

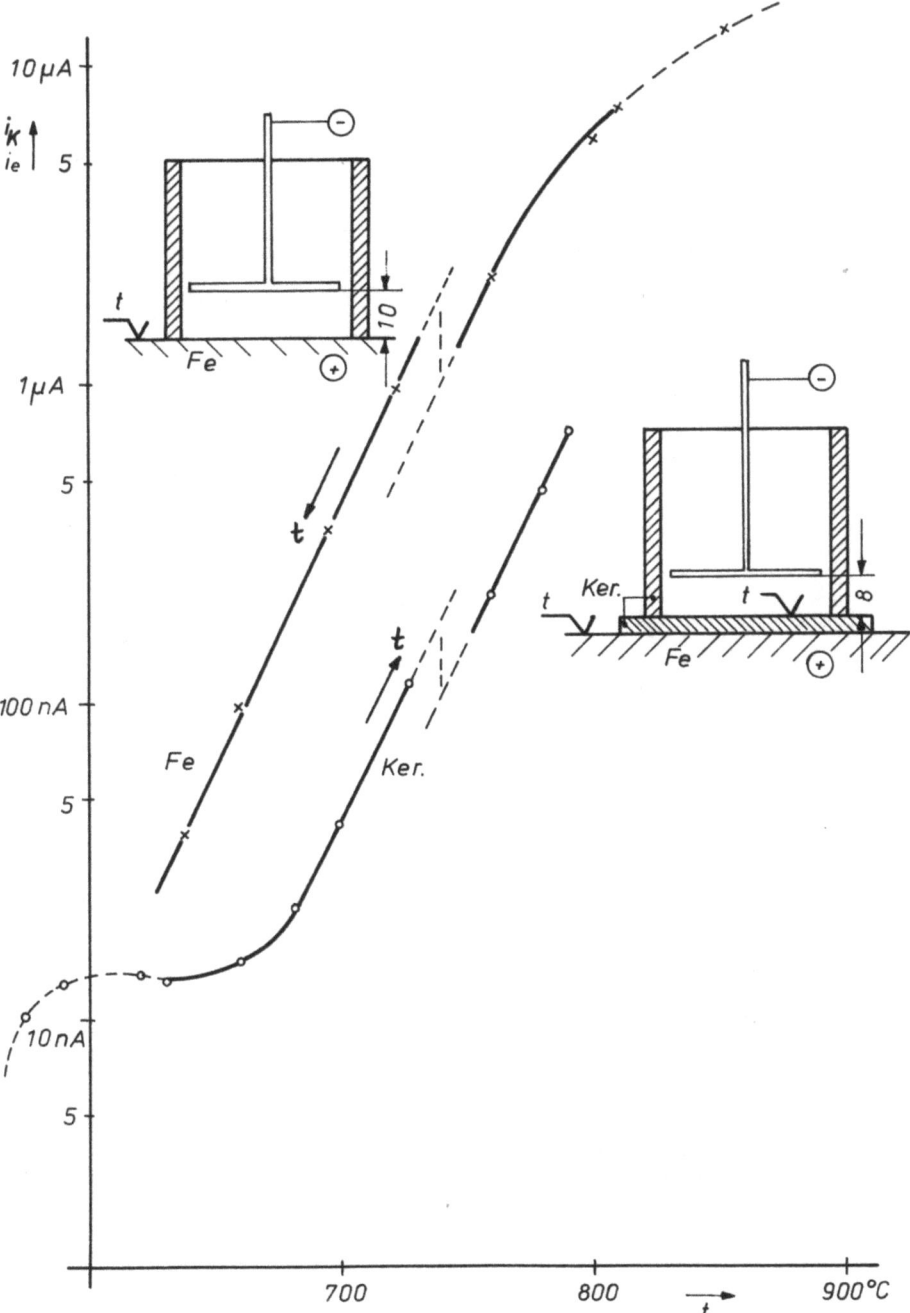

ild 14: Emission bei freier und abgedeckter Oberfläche

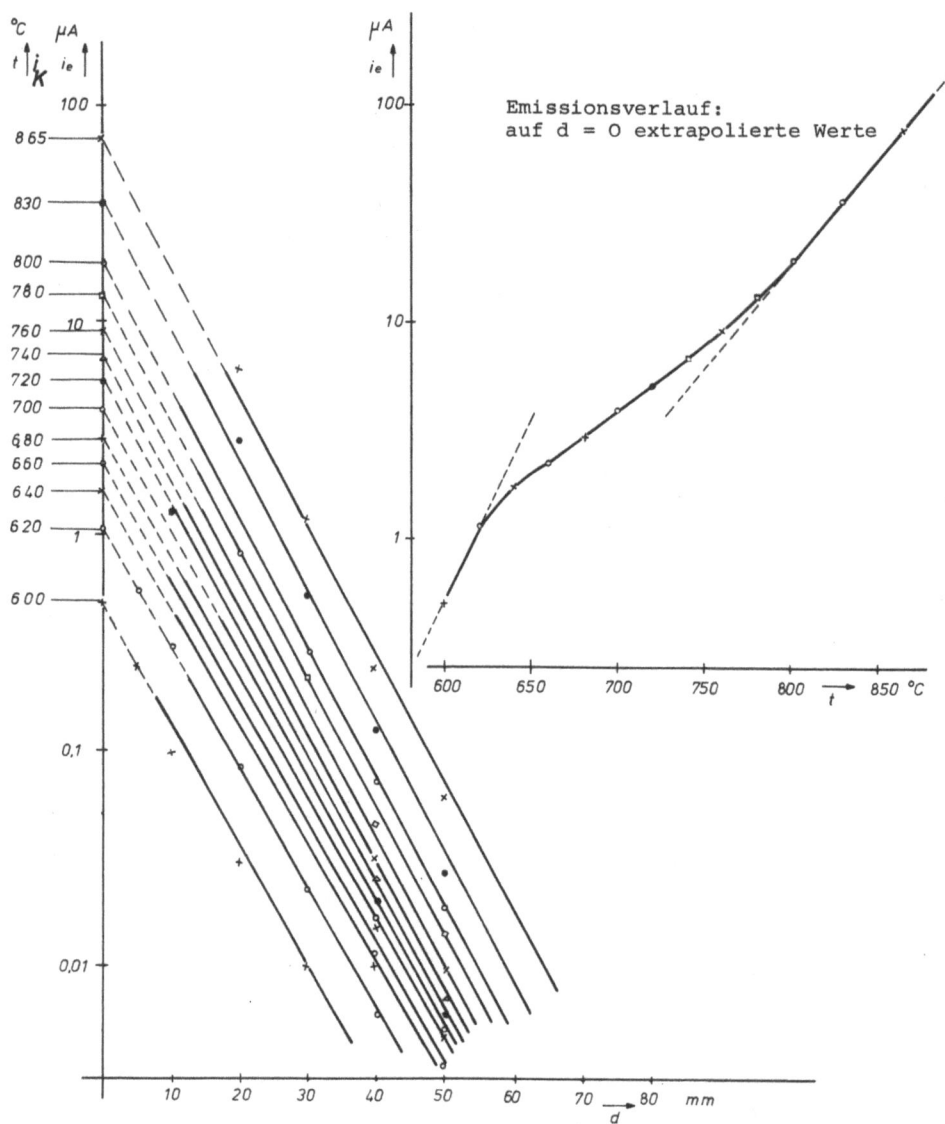

Bild 15: Untersuchung der Emission in der Nähe der Gefügeumwandlung bei der Perlittemperatur

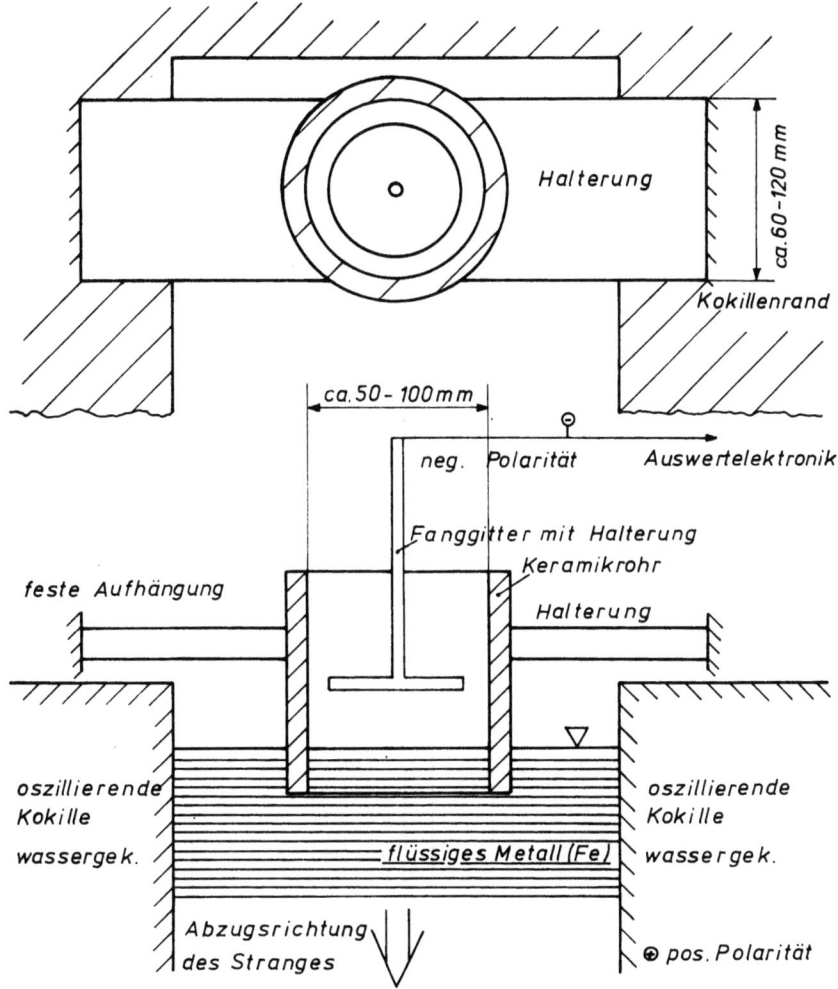

Bild 16: Prinzipskizze der Anordnung des Meßfühlers

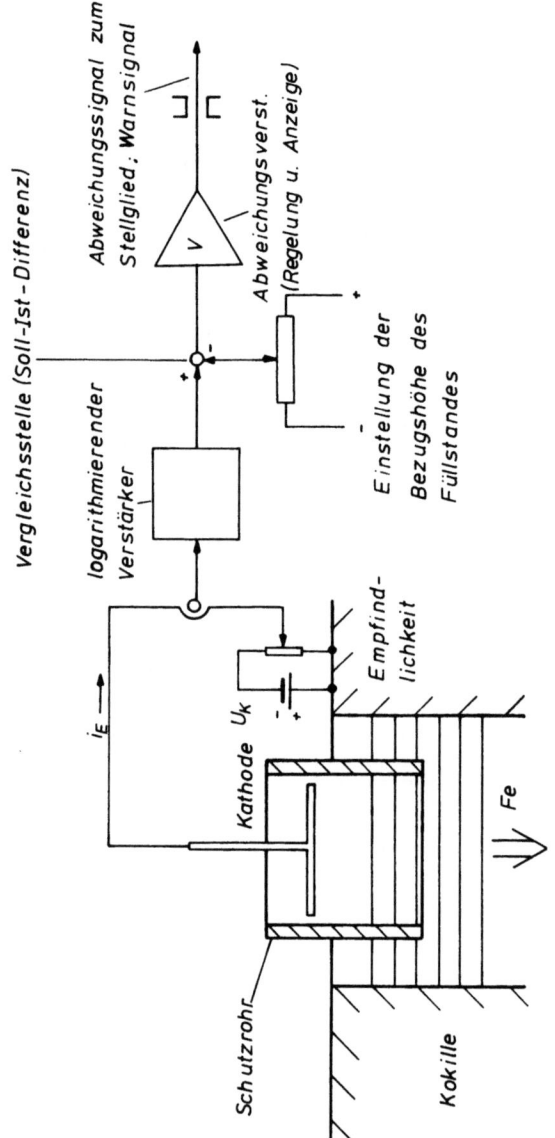

Bild 17: Prinzipielle Meßanordnung

FORSCHUNGSBERICHTE
des Landes Nordrhein-Westfalen

*Herausgegeben
im Auftrage des Ministerpräsidenten Heinz Kühn
vom Minister für Wissenschaft und Forschung Johannes Rau*

Die „Forschungsberichte des Landes Nordrhein-Westfalen" sind in zwölf Fachgruppen gegliedert:

Geisteswissenschaften
Wirtschafts- und Sozialwissenschaften
Mathematik / Informatik
Physik / Chemie / Biologie
Medizin
Umwelt / Verkehr
Bau / Steine / Erden
Bergbau / Energie
Elektrotechnik / Optik
Maschinenbau / Verfahrenstechnik
Hüttenwesen / Werkstoffkunde
Textilforschung

Die Neuerscheinungen in einer Fachgruppe können im Abonnement zum ermäßigten Serienpreis bezogen werden. Sie verpflichten sich durch das Abonnement einer Fachgruppe nicht zur Abnahme einer bestimmten Anzahl Neuerscheinungen, da Sie jeweils unter Einhaltung einer Frist von 4 Wochen kündigen können.

WESTDEUTSCHER VERLAG
5090 Leverkusen 3 · Postfach 300 620

If you have any concerns about our products,
you can contact us on
ProductSafety@springernature.com

In case Publisher is established outside the EU,
the EU authorized representative is:
**Springer Nature Customer Service Center GmbH
Europaplatz 3, 69115 Heidelberg, Germany**

Printed by Libri Plureos GmbH
in Hamburg, Germany